산과 들을 마신다

야생초 茶

차

산과 들을 마신다

야생초차

지은이 | 이용성

출판감독 | 나무선
편집팀장 | 고유진
책임교정 | 임현옥
디자인 | 나인플럭스
마케팅 | 양승우, 정복순, 최동민
업무관리 | 최희은

초판 1쇄 펴냄 | 2007년 10월 1일
초판 2쇄 펴냄 | 2010년 1월 20일

임프린트 | 시골생활
펴낸곳 | 도서출판 도솔
펴낸이 | 최정환
주소 | 121-841 서울시 마포구 서교동 460-8
전화 | 02-335-5755   팩스 | 02-335-6069
홈페이지 | www.sigollife.com
E-mail | sigolbooks@naver.com
등록번호 | 제1-867호   등록일자 | 1989년 1월 17일

저작권자 ⓒ 이용성, 2007
ISBN 978-89-7220-721-4 13590

산과 들을 마신다

야생초차

시골
생활

野生艸茶

의외로 만들기 쉬운
야생초차 이야기

아파트 베란다에 몇 개의 화분이 있다. 한동안 지켜보지 않다가 문득 바라보니 그 작은 화분 위에 이런저런 들풀들이 더부살이를 하고 있는 것이 눈에 띈다. 화분에 심어 놓은 화초야 꽃을 본다거나 잎을 보려고 일부러 심어 놓은 것이라지만, 그 아래 작은 틈을 비집고 한 자리 차지하고 있는 들풀들은 누가 언제 심었는지 기억에 없다.

노랗게 꽃까지 피워 낸 괭이밥 이파리를 뜯어 입 안에 넣어 본다. 어렸을 적에 장독대에 쪼그려 앉아 소꿉놀이하며 먹었던 그 시큼한 맛이 여전히 변함이 없다. 그러고 보면 들풀 하나도 의미 없는 것은 없다. 사람의 편리에 따라 이런저런 잣대를 들이대며 구분해 놓아서 그렇지 정작 자연은 그런 것은 안중에도 없는 듯싶다.

우연찮게 접한 야생초차의 매력에 빠져서 스스로 야생초차를 만들기 시작한 지도 십여 년의 시간이 넘었다. 길다면 길고 짧다면 짧은 시간이지만 그 시간이 오로지 즐겁고 편안했던 것만은 아니었다. 우선은 아파트라는 주거 환경에서 채취한 야생의 재료들을 다듬고 차로 만들기가 결코 쉬운 일만은 아니었다.

처음에는 멋모르고 욕심껏 많은 양의 재료들을 채취해 와서 어디 널 곳도 마땅

4

치 않아 이러지도 저러지도 못했던 기억이 새롭

다. 마음을 비우고 그날그날 내게 필요한 만큼의 차를 만들게

되기까지, 그리고 보면 꽃이나 들풀을 비롯하여 이런저런 차의 재료가 되는 것들

에게 참으로 못된 짓을 많이 한 셈이다.

애써 만든 차들이 한순간 방심하는 바람에 다 변질되어 그것들을 버려야만 할

때는 눈물이 핑 돌기도 했었다. 애써 만든 수고도 수고지만 일 년을 기다렸다가

어렵게 피어난 것들에게 차마 못할 짓을 한 것만 같아서 마음으로 얼마나 죄스러

웠던지! 그때의 그 미안하고 죄스러운 마음을 잊지 않으려고 지금도 차의 재료를

채취할 적이면 고개 숙여 먼저 그것들에게 고맙고 감사한 마음을 전한다.

야생초차라고 하면 우선은 낯설고 어려운 것으로 느껴지겠지만 야생초차를

처음 접하거나 직접 만들어 보고 싶다면 마음을 편안하게 갖는 게 좋겠다. 일부

러 길을 나설 필요도 없고, 시간이나 장소에 큰 구애를 받지 않아도 된다. 어쩌다

가족끼리 나들이 삼아 나선 길에 우연히 눈에 띈 들풀 몇 장이면 온 식구가 둘러

앉아 오순도순 이야기꽃을 피우며 차를 나눌 수 있는 충분한 양의 재료가 된다.

특별한 도구나 장비가 필요한 것도 아니고 어떤 전문적인 기술이 있어야만 만들 수 있는 것도 아니다. 자연과 사람에 대한 깊은 관심과 애정만 있다면 지금 이 순간도 누구나 만들어 즐길 수 있다. 모든 것은 마음의 문제다. 마음만 먹는다면 시간이나 공간의 제약 같은 것은, 내 손으로 직접 야생초차를 만들어 마시는 그 큰 즐거움에 비한다면 아무것도 아니다.

눈코 뜰 새 없이 바쁜 일상과 하루가 멀다 하고 툭하면 터져 나오는 각종 먹을거리에 관한 사건 사고들 속에서 산과 들을 찾아 내 손으로 직접 만들어 마시는 한잔의 차. 그것은 분명 단순한 먹을거리의 차원을 넘어 우리에게 보다 큰 기쁨과 행복을 안겨 줄 것이라고 믿는다.

갓 차를 만들기 시작하던 때부터 최근에 이르기까지 크고 작은 기록들을 정리했다. 차를 배우고 만들 때도 많은 사람의 도움을 받았다. 이런저런 차에 관한 정보를 제공해 주고 기꺼이 차를 만드는 과정에 동참시켜 준 분들, 같이 어울려 산과 들을 찾아 주고 더불어 산다는 것의 소중함을 일깨워 준 이웃들, 그리고 곁에서 큰 힘이 되어 준 가족들의 도움이 없었다면 언감생심, 어떻게 하나의 차인들 온전히 만들 수 있었으랴. 고맙고 감사하다.

이 글들이 책으로 엮여 나오기까지도 많은 분들의 도움이 없이는 불가능한 일이었다. 일일이 읽어 주시고 그때마다 힘을 주신 분들께 감사하다. 특히 무심히 보아 넘기지 않은 채 깊은 관심과 애정을 보여 주신 시골생활 가족 여러분께 진심으로 감사의 마음을 전한다.

2007년 9월

이용성

野生艸茶

추천의 글

사랑의 깊고 진한 향
흠흠 들이켜 보시라

동길산 · 시인

나무를 본다. 꽃을 다 놓아주고 가벼워진 나무를 본다. 나무를 만진다. 꽃을 다 놓아준 나무를 만지고 꽃을 다 놓아주고 가벼워진 나무의 마음을 만진다. 손바닥에 껍질 가루가 묻는다. 나무 가루가 묻는다. 손바닥을 후 불자 가루가 날아간다. 풍매화 씨앗 같은 가루가 사방팔방에 퍼진다.

나무를 본다. 꽃을 다 놓아주고 가벼워진 나무 같은 사람을 본다. 만지면 손바닥에 나무 가루가 묻게 하는 사람. 손바닥에 마음 바닥에 풍매화 씨앗 같은 가루가 묻게 하는 사람. 후 불면 사방팔방 퍼져서 뿌리를 내리고 싹을 틔우고 꽃을 피우고 속이 찬 열매를 맺을 것 같은 사람. 나무를 본다. 나무 같은 사람을 본다.

나무 같은 사람이 나무 같은 책을 낸다. 나무 가루 같은 책을 낸다. 흠흠 들이켜면 나무 향이 난다. 향은 나무에서도 나고 이파리에서도 나고 꽃이 진 자리에서도 난다. 꽃이 진 자리에서 영그는 열매에서도 땅 아래 보이지 않는 뿌리에서도 난다. 손이 닿는 곳에서 손이 닿지 않는 곳에서 보이는 곳에서 보이지 않는 곳에서 풍기는 사람의 향. 책의 향. 깊다. 깊숙이 들이켠다.

8

이용성. 아우다. 용성 아우는 수원에 살고 몇 살 많은 나는 경남 고성 골짝에 산다. 아우와 나를 처음 이어준 매개는 시다. 나무 같은 시가 나무 같은 사람을 건드려 잎 피고 꽃 피기 삼 년. 덜 자란 나무 같은 시가 다 자란 나무 같은 사람을 만나서 나무보다 긴 뿌리를 내리기 삼 년. 아우 곁에 서 있으면 나무 곁에 서 있는 기분이다. 곁에 서서 잎 피고 꽃 피고 뿌리 내리는 나무가 되는 기분이다.

나무와 나무 사이에 나무 가루가 휘날린다. 나무는 그러면서 이어진다. 아우와 나를 처음 맺어 준 매개는 시지만 아우와 나 사이, 수원과 고성 사이 그 만만찮은 거리를 이어 준 것은 나무 가루다. 나무 가루 같은 아우의 심성이다. 사방팔방 퍼져서 나무를 키워 내는 나무 씨앗 같은 심성이다. 그런 심성으로 한 잎 한 잎 한 올 한 올 말리고 펴서 보내 주던 야생초차. 야생초차처럼 깊고 진한 심성이 이 책에 눅진하다. 암술 수술에 달라붙은 꽃가루처럼 눅진하다.

이 책은 야생화다. 사람들 발길이 닿기 힘든 벼랑에서 향을 풍기는 야생화 같은 책이다. 온실에서 가꾼 책이 아니라 한데서 비 맞으며 바람 맞으며 키를 키우고 몸집을 부풀린 책이다. 남한테서 들은 얘기가 아니라 다른 데서 옮겨온 얘기

가 아니라 직접 보고 직접 겪은 체험이 딴딴해져서 나온 책이다. 손등 긁히면서 비탈길을 굴러가면서 다리품을 파는 심마니 같은 책이다.

이 책은 거칠게 말하면 야생초차 안내서다. 야생초차가 무엇이고 야생초차는 어떻게 만드는가를 담은 책이다. 이 책은 그러나 엄밀히 따지자면 생물학 서적이 아니라 인문학에 가깝다. 단순히 야생초차를 안내하는 게 아니라 차와 사람의 관계, 자연과 사람의 관계에 대해 생각하게 한다. 야생초차를 대하는 자연을 대하는 사람의 자세에 대해 성찰하게 한다.

"잎으로 차를 만들 때면 나는 잎이 되고, 열매로 차를 만들 때면 나는 열매가 되고, 뿌리로 차를 만들 때면 마찬가지로 나는 뿌리가 된다." 평범하면서도 평범하게 나오는 말이 아니다. 자연과 나를 맞추되 자연과 내가 대등한 합일이 아니라 자연에 나를 귀속시키고 자연 앞에 나를 낮추는 심성이 깊다. 진하다. 탱자나무에서 본 파란 벌레도 예사롭지 않다. 가시나무를 기어가면서도 가시를 탓하지 않는 벌레조차 예사롭게 넘기지 않고 내면화시키는 게 이용성 아우가 가진 심성이고 이 책이 가진 심성이다.

용성 아우는 딸아이가 둘 있다. 아연, 채연이다. 용성 아우는 틈이 나면 딸아이
와 산보한다. 산보하면서 야생초차가 될 만한 꽃잎을 풀잎을 건사하기도 한다.
딸아이 입을 빌려 아우는 소망한다. 느리게 살기를. 작은 들꽃 한 송이조차 그냥
스쳐 지나가는 일이 없도록 주변을 챙기며 살기를. 그러면서 덧붙인다. "느리게
산다는 건 남에게 뒤쳐져 산다는 말이 아니네요. 남들이 보지 못하는 진정 가치
있고 소중한 것들과 더불어 산다는 의미네요." 더불어 산다는 것. 곧 사랑의 다른
이름이다. 사랑은 이 책이 궁극적으로 소망하는 지평이다. 지평을 바라보고 있는
그대. 이 책을 들이켜 보시라. 사랑의 깊고 진한 향을 흠흠 들이켜 보시라.

野生艸茶

차례

봄

春

여름

夏

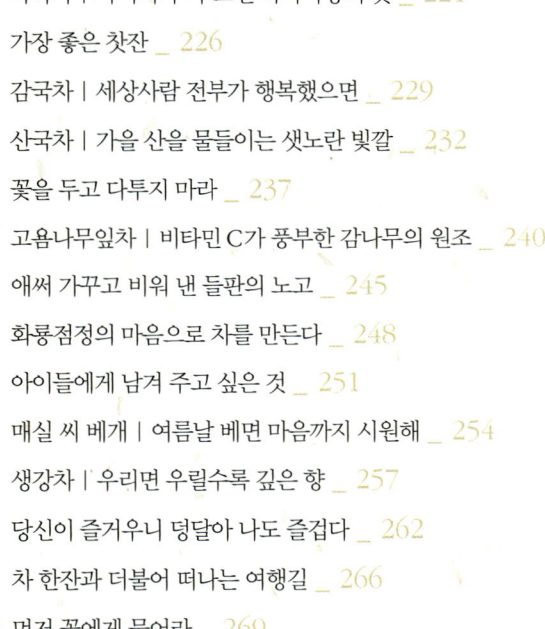

가을 겨울
秋冬

야생초차의 기초

야생초차 채취하기

야생초차는 각각의 재료에 따라 저마다 채취 시기가 다 다르다. 이른 봄에서부터 늦은 겨울에 이르기까지 제철에 나는 꽃, 잎, 열매, 뿌리 등이 모두 야생초차의 재료가 된다. 다만 하나의 차를 만들기 위해 그 차의 재료가 되는 것을 채취할 때는 그 재료의 상태 또는 그 재료가 함유하고 있는 영양소 등이 가장 절정의 상태에 있을 때 채취하는 게 좋다. 요즘엔 대부분의 먹을거리들이 재배가 가능해지면서 차의 재료가 되는 것들도 특별한 시기를 가리지 않고 장에서 손쉽게 구할 수 있게 되었다. 하지만 직접 야생초차를 만들어 볼 요량이라면 시기에 상관없이 재료를 장에서 손쉽게 구하는 것보다는 아무래도 제철인 재료들을 직접 채취해서 만드는 게 좋다. 산과 들을 찾아 직접 채취한 재료들로 차를 만들면 그 차를 마실 때의 느낌과 맛이 분명 남다를 것이다.

● **준비물 :** 손가위, 채반 및 바구니

01 꽃잎 채취

꽃잎은 꽃의 모양이 가장 아름답고 꽃이 지닌 향기가 가장 강할 때 채취한다. 이제 막 몽우리를 열어 70~80퍼센트 정도 꽃이 피었을 때 채취하는 게 적당하다. 꽃을 눈으로 보아서 수술의 색이 선명하고 꽃잎이 상하지 않은 채 균형이 잡혀 있는 것이 좋다. 한곳에 너무 많은 꽃잎을 따 담으면 꽃잎이 쉽게 시들고 상하게 되므로 작은 용기에 나누어서 채취하는 게 좋다. 꽃잎을 딸 때는 한 손으로 가지를 붙잡고 꽃잎이 상하지 않도록 한 송이씩 정성들여 따야 한다.

02 잎 채취

막 돋는 새순을 채취하여 차로 만들거나 잎이 어느 정도 성장하였을 때의 것을 채취하여 차로 만든다. 잎을 채취할 때는 편한 대로 나무를 가지째 꺾어 잎을 따거나 뿌리째 뽑아 잎을 따려고 하지 말고, 미리 준비해간 손가위를 이용하여 잎을 하나하나 따거나 가지를 한 손으로 붙잡은 채 다른 손으로 조심스럽게 따야 한다. 꽃과 마찬가지로 잎 역시 한곳에 너무 많은 양을 따 담으려 하지 말고 작은 용기를 여러 개 준비해서 양을 나누어 가면서 채취하는 게 좋다.

03 열매나 뿌리 채취

열매나 뿌리로 차를 만들 때는 계절적으로 가을이나 겨울인 경우가 많다. 물론 경우에 따라서는 봄이나 여름에 채취해야만 하는 열매들도 많은데 매실 같은 경우에는 열매가 익기 전 푸른 것을 채취한다. 특히 열매는 익으면서 벌레들이 많이 생기므로 세심한 주의가 필요하다. 열매를 씻어 물기를 바싹 말린 후에 만들어야 나중에 변질되는 일 없이 맛있는 차가 완성된다.

보리수나무 열매 채취

익은 열매는 서로 겹쳐서 쌓으면 쉽게 으깨지게 되므로 한곳에 많은 양을 따 담지 말고, 작은 용기에 여러 곳으로 나누어 채취하는 게 좋다. 꼭지째 땄다가 물로 씻은 후에 꼭지를 제거하는 게 좋다. 미리 꼭지를 딴 후에 씻으면 꼭지를 딴 부분으로 물이 스며들어 열매의 맛이 떨어지게 된다.

19

야생초차 만들기

야생초차는 보통 재료를 덖거나 찌기 아니면 데치는 방법으로 만드는 것이 대부분이다. 같은 종류의 차라고 하여도 특별하게 정해진 방법만을 고수할 필요는 없다. 가령 뽕잎으로 차를 만든다고 할 때 뽕잎이 여린 순일 때는 살짝 데치는 방법으로 차를 만들 수 있지만, 뽕잎이 어느 정도 성장한 것이라면 덖기의 방법을 사용한다.

데치는 방법으로 차를 만들면 나중에 차를 우렸을 때 차의 색깔이 재료가 원래 가지고 있는 초록색으로 우러나는 경우가 많고, 또 차의 맛도 원래의 재료에서 풍기는 풋풋한 맛이 그대로 느껴진다. 하지만 같은 재료를 덖어서 차를 만들면 덖는 횟수가 늘어날수록 차에서 구수한 맛이 강하게 느껴진다.

꼭 어느 것이 정답이라고 할 수는 없다. 야생초차를 만들 때 이런저런 방법을 사용해서 만들어 볼 것을 권한다. 직접 만들어 보고 또 차를 우려서 마셔 본 다음에 자신에게 가장 잘 맞는 방식으로 만들어 마시면 될 것이다.

01 덖기

● **준비물 :** 솥 혹은 프라이팬, 나무주걱, 부채 및 선풍기, 장갑, 나무핀셋

● **방법**

첫째, 내용물을 깨끗이 씻어 손질한다.

둘째, 씻은 내용물을 소쿠리나 채반에 담아 물기를 제거한다.

셋째, 뜨겁게 달구어진 솥이나 프라이팬에 내용물을 넣고 나무주걱과 손으로 골고루

젓는다. 차를 덖을 때 직접 손을 사용하
는 이유는 차의 재료들이 어느 한쪽에
치우침이 없이 골고루 덖어지게 하기 위
해서인데, 솥과 재료가 뜨거우므로 반드
시 깨끗한 장갑을 끼고 덖는 게 좋다.

넷째, 순이 죽으면 물기를 머금은 내용
물을 한지나 채반에 널고 부채나 선풍기
를 이용하여 갓 덖어진 재료의 열을 식
힌다.

나무주걱, 집게

다섯째, 내용물을 채반에 골고루 펴서 널어 바싹 말린다.

● **주의사항**

• 너무 오랜 시간 동안 덖어 내용물이 타는 일이 없도록 한다.

• 덖은 내용물을 오랜 시간 그대로 두면 내용물의 색이 변하므로 덖는 순간 바로 널
어 말린다.

• 한번 마르면 내용물을 분리하는 일이
어려우므로 종류에 따라 말릴 때 미리
내용물을 적당한 크기로 분리한다.

• 마르는 중간 중간에 내용물을 뒤적여
서 내용물이 채반이나 한지에 달라붙
지 않도록 한다.

• 손으로 만져 봐서 바삭바삭한 느낌이
들 때까지 바싹 말린다.

찔레 순 덖기

- **덖기 방식으로 만드는 차 :** 찔레 순, 뽕잎, 질경이, 청미래덩굴, 자귀나무 잎, 조릿대 잎, 대나무 잎, 꿀풀 잎, 고욤나무 잎, 연잎, 박하 잎 등

02 찌기

- **준비물 :** 솥 혹은 냄비, 조리용 철망, 나무핀셋

- **방법**

첫째, 조리용 철망에 내용물을 가지런히 올린다.

둘째, 물을 미리 끓여 놓고, 물에 닿지 않도록 내용물이 담긴 철망을 얹는다.

셋째, 용기의 뚜껑을 닫고 내용물의 순이 죽을 정도로 증기를 쏘여 찐다.

넷째, 나무핀셋을 이용하여 내용물을 하나하나 채반이나 한지에 넌다.

- **주의사항**

• 찌는 시간이 너무 짧으면 내용물의 색이 변하고 소독이 되지 않으므로 적당히 쪄 준다.

• 찌는 시간이 너무 길면 내용물이 가지고 있는 색이 빠지거나 물기를 너무 흡수하여 다루기가 힘이 든다.

• 꽃잎의 순이 죽고, 꽃잎의 뒷면에 물기가 맺힐 정도로 찌면 적당하다.

• 찌는 중간에 용기의 뚜껑을 자주 열면 내용물의 색이 바랜다.

원추리꽃 찌기

- 내용물이 꽃잎일 경우에는 꽃 수술 부분을 위쪽으로 향하게 하여 찐다.
- 찐 꽃잎을 말릴 때도 꽃 수술 부분이 위쪽을 향하도록 한다.
- 말릴 때 꽃잎이 서로 겹쳐지지 않도록 주의한다.
- 마르는 중간 중간에 내용물을 뒤적여서 내용물이 채반이나 한지에 달라붙지 않도록 한다.

● **찌기 방식으로 만드는 차 :** 찔레꽃, 매화, 해바라기꽃, 원추리꽃, 벚꽃, 민들레꽃, 탱자나무꽃, 무궁화꽃, 호박꽃 등

03 데치기

● **준비물 :** 솥 혹은 냄비, 조리용 철망, 나무주걱, 나무핀셋

달개비꽃 씻기

● **방법**

첫째, 내용물을 깨끗이 씻어 손질한다.

둘째, 미리 준비한 끓는 물에 적당량의 내용물을 넣는다.

셋째, 나무주걱을 이용하여 내용물의 순이 죽을 정도로 골고루 젓는다.

넷째, 조리용 철망에 데쳐진 내용물을 꺼내어 찬물에 담아 열을 식혀 준다.

다섯째, 소쿠리에 건져 물기를 뺀 후에

달개비꽃 데치기

모양을 만들거나 내용물이 서로 겹쳐지지 않도록 골고루 펴서 채반에 넌다.

● **주의사항**
• 끓는 물에 너무 오래 넣어 두면 내용물이 푹 삶아지므로 주의한다.
• 데친 내용물을 찬물에 담아 식히지 않으면 내용물의 색이 변하거나 너무 익혀지게
되므로 주의한다.
• 한번 마르고 나면 내용물을 분리하는 일이 어려우므로 내용물의 종류에 따라 말릴
때 미리 내용물을 적당한 크기로 분리하여 말린다.
• 마르는 중간에 내용물을 뒤적여서 내용물이 채반이나 한지에 달라붙지 않도록 한다.

● **데치기 방식으로 만드는 차 :** 냉이, 익모초, 쑥, 제비꽃, 토끼풀, 감국, 산국, 구절초, 민들
레 잎, 더덕 잎 등

04 설탕에 재우기

열매로 차를 만들거나 오래 보관하기 어려운 꽃잎으로 차를 만들 때 많이 쓴다. 보통
은 내용물과 설탕의 비율을 일대일로 하여 설탕에 내용물을 버무려 용기에 재워 두
거나, 용기 안에 내용물과 설탕을 한 켜씩 교대로 하여 재워 둔다. 설탕 대신 꿀에 재
우기도 하고, 설탕과 꿀을 섞어서 재우기도 한다.

보름에서 한 달 정도면 설탕에 내용물의 즙이 우러나오게 되는데 내용물은 건져 내
고 즙을 물에 희석하여 차로 마시면 된다. 한번 걸러 낸 즙은 작은 용기에 담아 밀폐
하여 냉장 보관한다.

이렇게 만든 차는 물에 희석하여 여름철에 시원하게 냉음료로 마셔도 손색이 없는
데, 단맛이 너무 강하므로 한꺼번에 많은 양을 마시는 건 좋지 않다.

24

● **설탕에 재우는 방식으로 만드는 차** : 진달래꽃, 벚꽃, 아까시꽃, 매화, 청매실, 모과, 유자, 석류, 복분자 열매 등

05 그늘에서 말리기

차의 재료가 되는 것들에 특별한 방법을 가하지 않고 그늘에서 말려 차로 우려 마시는 방법이다. 재료에 열을 가해 영양분이 손실되거나 재료가 상하는 일이 생기게 될 때, 혹은 재료의 특성상 그늘에서 자연스럽게 말려야 재료가 가지고 있는 맛이나 모양, 색 등이 그대로 살아날 때 이 방법을 쓴다.

찔레꽃 말리기

재료를 깨끗이 씻어 물기를 제거한 후 바람이 통하는 그늘에서 말린다. 채반이나 대바구니처럼 바람이 잘 통하는 용기에 얇게 펴서 넌다. 만약 재료를 햇볕에서 말리게 되면 재료가 가지고 있는 색깔이 변하게 되고 다 마른 후에도 재료가 쉽게 부서져 가루가 생기게 된다. 바람이 통하지 않는 용기에 담아 넣거나 너무 두껍게 해서 넣면 재료가 잘 마르지도 않거니와 재료가 오랜 시간 외부에 노출되어 이런저런 오염 물질이 묻거나 변질될 우려가 있다.

또 어떤 방식으로 차를 만들건 간에 재료를 말릴 때는 최대한 물기가 없도록 바싹 말리는 게 중요하다. 수시로 손으로 만져 보면서 재료의 상태를 확인한다.

● **그늘에서 말리는 방식으로 만드는 차** : 소나무 잎, 옥수수 수염, 칡꽃, 익모초꽃, 제비꽃, 꿀풀꽃 등

야생초차 보관하기

야생의 재료들을 채취하여 이런저런 과
정을 거쳐 차를 만든 후에는 무엇보다도
그것들을 보관하는 것이 가장 어렵다.
만들 때 아무리 잘 만든다고 하여도 보
관을 잘못하면 자칫 차로 마시지 못하고
버려야 하는 경우가 생긴다. 특히 야생
초차는 습기에 약해서 조금만 방심해도
금세 눅눅해지면서 벌레들이 생기기 때
문에 아무래도 보관에 더 많은 신경을 쓸 수
밖에 없다.

대나무 채반

봄에 피는 꽃으로 만든 차들은 특히 습기에 약하다. 아무리 바싹 말렸다고 해도 장마
철 며칠이면 꽃잎이 금세 눅눅해져 버린다. 봄에 피는 꽃은 밀폐용기에 담아 냉동 보
관하는 것이 아무래도 가장 안전하다. 여름이나 가을꽃들은 바람이 선선하게 통하는
곳이라면 비교적 오랜 시간 동안 견딜 수 있다.

대부분의 차는 만들고 말리는 과정에서 얼마나 오랜 시간 동안 보관이 가능한지가 결정
이 난다고 해도 과언이 아니다. 재료의 겉만 보지 말고 속까지 완전히 바싹 말려 보관하
는 것이 그나마 오랜 기간 동안 차를 보관할 수 있는 방법이라면 방법이 되겠다. 만든 차
의 양이 많지 않고 보관하기에 적당한 장소가 없다면 꽃잎으로 만든 차는 냉동 보관하
고, 잎으로 만든 차는 냉장 보관하는 식으로 냉장고를 이용하는 것도 한 방법이다.

설탕에 재워 만든 차는 재료의 특징에 따라 약간씩 다르나 보통은 보름에서 한 달 정도면 차로 먹을 수 있게 되는데, 재료는 걸러서 버리고 엑기스만 따로 담아 냉장 보관하는 게 좋다.

어느 차건 차를 담아두는 용기는 속이 들여다보이는 투명한 것이 좋고, 밀폐가 잘 되는 것이 좋다. 한 곳에 너무 많은 양을 담아 보관하기보다는 작은 용기에 여러 개로 나누어 보관했다가 그때그때 필요한 양만큼 꺼내어 쓰는 게 좋다.

야생초차도 음식이나 마찬가지다. 혹시 보관을 잘못하여 변질이 되었다면 아깝지만 그 차는 버려야 한다. 차를 담아둔 용기의 겉면에 차를 만든 날짜를 따로 표시해 두어 관리하는 것도 신선한 차를 유지하기 위한 한 방법이 될 것이다. 아무리 차를 잘 만들고 보관을 완벽하게 했다고 해도 어느 정도의 시간이 지나면 그 차가 가지고 있는 맛과 향이 조금씩은 변하기 마련이다. 처음부터 욕심을 내어 많은 양의 차를 만들기보다는 그때그때 꼭 필요한 만큼씩만 만들어 마시는 지혜가 필요하다.

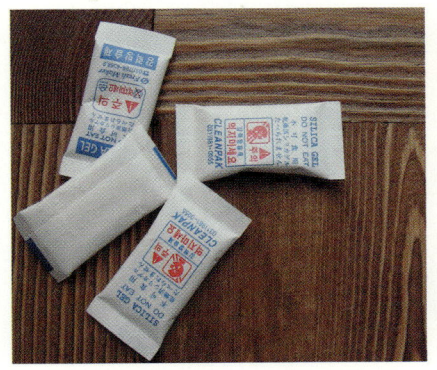

재활용 방습제

밀폐용기

누구나 쉽게 만들 수 있는 야생 잎차

냉이잎, 뿌리(41쪽) ● 2~4월 ● 데침, 덖음 ● 감기 예방, 간장질환

제비꽃 잎(54쪽) ● 4~5월 ● 데침, 덖음 ● 염증치료, 타박상, 관절염

찔레나무 잎(92쪽) ● 4~5월 ● 덖음 ● 독소 제거, 성장발육

더덕잎(206쪽) ● 4~5월 ● 데침, 덖음 ● 해열

으름덩굴 잎 ● 4~5월 ● 그늘, 덖음 ● 진통, 항균작용

조릿대 잎(141쪽) ● 4~10월 ● 덖음 ● 변비, 당뇨, 성인병 예방

토끼풀 잎(59쪽) ● 5~6월 ● 데침, 덖음 ● 폐결핵, 감기

쑥(105쪽) ● 5~6월 ● 데침, 덖음 ● 고혈압, 생리불순

질경이 잎(67쪽) ● 5~6월 ● 그늘, 덖음 ● 신장염, 위궤양, 신경쇠약

소나무 잎 ● 5~6월 ● 그늘 ● 고혈압, 위장질환

청미래덩굴 잎 ● 5~7월 ● 그늘, 덖음 ● 고혈압, 항암, 해독작용

꿀풀 잎(128쪽) ● 5~7월 ● 덖음 ● 신장염, 방광염

뽕나무 잎(74쪽) ● 5~8월 ● 그늘, 덖음 ● 당뇨, 고혈압, 동맥경화 예방

민들레 잎(109쪽) ● 5~9월 ● 덖음, 데침 ● 위장질환, 신경통 예방

자귀나무 잎(121쪽) ● 6~7월 ● 덖음 ● 스트레스, 우울증

달개비꽃 잎(155쪽) ● 6~8월 ● 그늘, 덖음 ● 당뇨, 간염

인동덩굴 잎(133쪽) ● 6~8월 ● 덖음 ● 위장질환, 감기

대나무 잎(145쪽) ● 6~8월 ● 덖음 ● 변비, 당뇨, 성인병 예방

익모초 잎(199쪽) ● 7~8월 ● 그늘, 데침 ● 고혈압, 이뇨, 부종 제거

박하잎(221쪽) ● 7~8월 ● 덖음 ● 소화촉진, 입냄새 제거

고욤나무 잎(240쪽) ● 7~8월 ● 덖음, 찜 ● 설사, 감기 예방

연잎(203쪽) ● 7~9월 ● 덖음, 찜 ● 고혈압, 피부미용

옥수수 수염 ● 7~8월 ● 그늘, 데침 ● 이뇨, 부종 제거, 고혈압

생강(257쪽) ● 10~11월 ● 그늘, 찜 ● 소화불량, 초기감기

누구나 쉽게 만들 수 있는 야생 꽃차

매화꽃(84쪽) ● 흰색, 붉은색 ● 2~4월 ● 찜 ● 피부미용, 머리 맑음

벚꽃 ● 흰색 ● 3~4월 ● 찜 ● 숙취, 해수, 천식

진달래꽃(47쪽) ● 분홍색, 흰색 ● 4~5월 ● 설탕에 재움 ● 기침, 가래, 천식

복숭아꽃 ● 붉은색 ● 4~5월 ● 찜, 그늘 ● 미용, 해독

살구꽃 ● 붉은색 ● 4~5월 ● 찜, 그늘 ● 갈증 해소, 변비

으름꽃 ● 분홍색 ● 4~5월 ● 그늘, 찜 ● 이뇨작용

제비꽃(54쪽) ● 보라색, 흰색 ● 4~5월 ● 그늘 ● 해독, 항암효과

앵두꽃 ● 분홍색 ● 4~5월 ● 그늘, 찜 ● 구갈, 이뇨

모과꽃 ● 연분홍색 ● 4~5월 ● 그늘, 찜 ● 소화불량

민들레꽃(109쪽) ● 노란색, 흰색 ● 4~5월 ● 찜 ● 위장질환

조팝나무꽃 ● 흰색 ● 4~5월 ● 그늘, 찜 ● 해열

탱자나무꽃(79쪽) ● 흰색 ● 4~5월 ● 찜 ● 당뇨, 이뇨

찔레꽃(92쪽) ● 흰색, 붉은색 ● 5월 ● 찜 ● 당뇨, 이뇨

때죽나무꽃(116쪽) ● 흰색 ● 5~6월 ● 찜 ● 관절염, 타박상

아까시꽃(113쪽) ● 흰색 ● 5~6월 ● 찜, 설탕에 재움 ● 신장염, 기침, 기관지염

꿀풀꽃(128쪽) ● 자주색 ● 6~7월 ● 그늘 ● 신장염, 방광염

인동덩굴꽃(133쪽) ● 흰색, 노란색 ● 6~7월 ● 찜, 그늘 ● 편도선, 관절염, 위궤양

석류꽃 ● 붉은색 ● 7~8월 ● 그늘, 찜 ● 피부미용, 복통

싸리꽃 ● 자주색 ● 7~8월 ● 그늘 ● 혈압 강하

원추리꽃(137쪽) ● 노란색 ● 7~8월 ● 찜 ● 소화촉진, 눈을 맑게 함

왕원추리꽃(137쪽) ● 주황색 ● 7~8월 ● 찜, 그늘 ● 소화촉진, 눈을 맑게 함

연꽃 ● 흰색, 분홍색 ● 7월 ● 찜 ● 불면증, 해독, 불안 해소

달맞이꽃(193쪽) ● 노란색 ● 7~8월 ● 찜 ● 감기, 해열

달개비꽃(155쪽) ● 남색, 연보라색 ● 7~8월 ● 그늘, 찜 ● 당뇨

누구나 쉽게 만들 수 있는 야생 꽃차

익모초꽃(199쪽) ● 붉은색 ● 7~8월 ● 그늘 ● 이뇨, 해독, 통경작용

칡꽃(213쪽) ● 진보라색 ● 7~8월 ● 그늘 ● 술독, 갈증, 식욕부진

무궁화꽃(185쪽) ● 흰색, 분홍색 ● 7~9월 ● 찜, 그늘 ● 각종 균 억제, 위장질환

호박꽃(159쪽) ● 노란색 ● 7~9월 ● 찜 ● 당뇨, 이뇨

해바라기꽃(171쪽) ● 노란색 ● 8~9월 ● 찜 ● 고혈압, 간 해독

더덕꽃(206쪽) ● 자주색 ● 8~9월 ● 찜 ● 해열, 가래

구절초 ● 흰색 ● 8~10월 ● 데침 ● 소화불량, 생리통

감국(229쪽) ● 노란색 ● 10~11월 ● 데침 ● 두통, 어지럼증

산국(232쪽) ● 노란색 ● 10~11월 ● 데침 ● 두통, 어지럼증

개쑥부쟁이꽃(196쪽) ● 연보라색 ● 8~11월 ● 그늘, 찜 ● 소화촉진

봄

봄은 마음으로부터 온다. 세상에 꽃이 피기 전에 먼저 사람의 마음에 꽃이 핀다. 봄에 만드는 꽃차가 그토록 향기로운 이유도 그 안에 사람의 마음이 담겨 있기 때문이다. 세상에 사랑만 한 향기가 어디 있으랴!

정성과 사랑으로 만드는 야생초차

사람이 먹어서 몸에 득이 되는 풀이나 열매를 가공하여 좀 더 먹기 쉽고, 몸에도 좋게 만들어 언제 어디서건 멋을 부리며 마실 수 있도록 만든 것이 바로 야생초차다.

사람들은 나에게 야생초차에 대해 묻는다. 만드는 방법에서부터 마시는 방법, 몸에 이로운 점에 이르기까지 사람들의 관심은 실로 다양하다.

본래 차라는 것은 차나무 잎을 따서 그 잎을 가공하여 사람이 마실 수 있도록 만든 것이다. 그러니까 차나무라는 나무가 있어서 이 나무의 잎을 따서 덖거나 다른 방법으로 가공하여 사람이 먹을 수 있도록 만든 것을 차라고 하는 것이다. 보통은 녹차라는 이름으로 많이 부르지만 우리나라 차에는 특정하게 주어진 이름이 따로 없다고 한다. 그러던 것이 근래 들어 차의 대량생산이 가능해지면서 특정 이름을 필요로 하게 되어 지금은 '무슨무슨 차' 하는 식으로 제조회사나 그 차를 만든 사람의 이름 혹은 지역 이름을 따서 붙이기도 하고, 차의 특징을 살펴서 가장 어울리는 이름을 붙이는 경우도 많다.

가끔 나는 내가 만든 차에 어떤 이름을 붙여 주어야 하는지 생각해보곤 한다. 엄밀히 말해 차나무라는 이름을 가진 나무가 있어서 그 나무의 잎으로 만든 것을 차라고 하는데, 정작 내가 만드는 것들은 그 차나무와는 하등의 관계도 없는 것들이니 말이다.

우리나라처럼 전통적으로 차와 밀접한 관계를 맺고 있는 나라도 드물다고 한다. 차례를 지낸다고 할 때의 '차례' 라든가 무슨 일이 반복해서 일어날 때 쓰이는 '다반사' 처럼 차에 관련된 용어들이 일상생활에서 아무 거리낌 없이 자연스럽게 쓰이는 것만 봐도 그렇다. 오죽하면 보리를 볶아 끓인 물에도 보리차라는 이름을 붙여 주었을까. 내가 만드는 차는 말하자면 이 보리차와 같은 것인데, 사람에 따라서는 민간에서 전통적으로 내려오는 차라는 의미에서 '전통차' 라고 부르기도 하고, 차나무 잎으로 만든 차를 대신하여 사용할 수 있는 차라는 의미에서 '대용차'라고 부르기도 하고, 또 '민속차', '들차' 등으로 부르기도 하는데 요즘엔 '야생차' 혹은 '야생초차'라는 이름으로 부르는 경우도 많이 있다. 하지만 재배하는 차나무가 아닌 야생 상태 그대로의 차나무에서 채취한 잎을 가공해 만든 차를 야생차라는 이름으로 부르는 경우도 있으니 서로 혼동되지 않도록 주의가 필요할 것이다.

내 경우에는 차를 만드는 원재료를 야생에서 주로 채취하고, 이름에서 느껴지는 그 풋풋한 어감도 나쁘지 않아 주로 야생초차라는 이름으로 소개한다. 사람이 먹어서 몸에 득이 되는 풀이나 열매를 가공하여 좀 더 먹기 쉽고 몸에도 좋게 만들어 언제 어디서건 멋을 부리며 마실 수 있도록 만든 것이 바로 야생초차다. 그렇다고 해서 아무 풀이나 뜯어다가 말려 끓여 먹으면 다 야생초차가 되는 것은 아니다. 그중에서 특히 우리 몸에도 좋고 맛도 좋고 모양새도 좋은 것들을 골라 차로 가공하여 만든 것을 야생초차라는 이름으로 부를 수 있는 것이다.

야생초차를 만드는 시기는 일정하게 정해져 있지 않다. 사시사철 언제나 만들 수도 있고, 또 사시사철 언제나 만들 수 없기도 한 것이 야생초차다. 이른 봄부터 늦은 겨울까지 만들 수 있으니 마음만 먹으면 언제나 만들 수 있지만, 그런 반면에 어떤 일정한 시기를 놓치게 되면 그 해에는 그 차를 만드는 일은 불가능해지고 마니 또 아무 때나 만들 수 없기도 한 것이다. 보통 봄에는 꽃 종류로 만드는 야생초차가 많고, 여름에는 잎 종류로 만드는 야생초차가 많다. 가을에는 아무래도 열매가 익는 철이니 열매를 따서 만드는 야생초차가 많고, 겨울에는 식물이

다 만들어진 차는 대나무 채반 같은 바람이 잘 통하는 곳에 담아 수시로 상태를 확인해 가며 보관한다.

잎을 거두고 영양분을 뿌리에 집약시키는 시기이니 자연히 뿌리 종류로 만드는 야생초차가 많다.

　야생초차는 만드는 법이 특별히 정해져 있는 것도 아니고, 어떤 단체나 개인으로부터 공인을 받는 것도 아니어서 같은 종류의 차라고 해도 만드는 사람의 성격이나 손길에 따라 그 맛과 모양새가 많은 차이를 보인다. 가령 꽃으로 만드는 꽃차만 하더라도 어떤 사람은 꽃 몽우리로만 차를 만드는가 하면 또 어떤 사람은 적당히 핀 꽃이나 활짝 핀 꽃으로 차를 만든다.

야생초차는 이렇듯 그 차를 만드는 사람의 성격이나 취향에 따라 맛과 모양에 있어서 조금씩 차이가 나는데, 이 차이를 무시할 수는 없어서 완성된 야생초차를 마실 때는 차를 만들 당시에 그 차를 만든 사람의 마음 상태가 어떠했는지까지도 찻잔 안에 그대로 드러나게 된다. 보통 아무리 만들기가 쉽고 단순한 차라고 해도 채취에서부터 완성에 이르기까지 사람의 손길을 열 번 이상은 거치게 된다. 무작정 손이 많이 갔다고 하여 그 차가 좋은 차라고 말할 수는 없겠지만, 손이 한 번 더 가고 안 가고의 차이는 크다. 차를 만드는 과정을 처음부터 지켜본 사람들은 가끔 '대충'이라는 말을 한다.

— 조금만 대충 하면 안 되나요?

— 그 과정을 한 번만 하고 대충 마무리하면 안 되나요?

그러면 나는 말한다.

— 마실 때 대충 마시고, 살아갈 때 대충 살아가고, 사람을 사랑할 때도 대충대충 사랑하고, 그러실 건가요?

어쩌다 차 만드는 법을 배우려 하다가도 지레 질려서 포기하는 경우를 많이 본다. 당연하다. 사람들은 한시가 급한데 사람들이 볼 때 차를 만드는 나는 언제나 느긋하고, 사람들은 눈앞에 보이는 결과만을 중시하는데 사람들에게 비치는 나는 눈에 보이지도 않는 과정만을 중시하는 것처럼 느껴지기 때문이다. 그러니까 요즘 말로 영 코드가 맞지 않는 것이다. 그렇다고 이게 무슨 큰 돈벌이가 되는 것도 아니고, 누가 나의 수고를 애써 알아주는 것도 아니다. 그런데도 내가 만드

는 하나의 차에 내 모든 정성을 쏟아야만 하는 이유가 있다면, 그것은 사랑 때문이라고 감히 나는 말한다.

차는 사람이 먹는 음식이다. 그것도 아무나가 아니라 내가 사랑하는 사람이 먹는 음식인 것이다. 내가 사랑하는 사람이 먹는 음식을 만드는 데 있어서 어느 것 하나 대충대충 소홀히 할 수 있는 사람이 있을까? 계절별로 차의 재료를 채취하고 그 재료를 씻고 다듬으며 종류별로 제 특성에 맞게 가공하여 차를 만드는 그 모든 과정이 나에게는 사랑이다.

꽃으로 차를 만들 때면 차를 만드는 내내 나는 꽃보다 진한 향기가 된다. 내 안에 있는 그 향기가 차를 만드는 동안 내 손끝을 거쳐 꽃잎 하나하나에 묻어서 정작 내가 사랑하는 사람이 그 차를 마실 때면 그 사람은 꽃의 향기만이 아닌 내 마음의 향기까지도 더불어 마시게 되는 것이다. 잎으로 차를 만들 때면 나는 잎이 되고, 열매로 차를 만들 때면 나는 열매가 되고, 뿌리로 차를 만들 때면 마찬가지로 나는 뿌리가 된다. 그게 무엇이건 그 안에 들어가 보지 않고서는 그것에 대해 알 수 없는 일이 아닌가.

꽃을 따고 잎을 따고 열매를 따는 일, 그리고 뿌리를 캐는 일 따위는 누구나 할 수 있는 일이다. 꽃을 말리고 잎을 말리고 열매를 재우는 일, 뿌리를 잘라 즙을 내는 일 역시 마음만 먹으면 누구나 다 할 수 있는 일이다. 그러나 그 안에 사랑을 담는 일, 그 안에 내 전부를 담아내는 일은 아무나 할 수 있는 일이 아니다.

앞서 나는 야생초차는 일정하게 만드는 법이 정해져 있거나 한 것은 아니라고 말했다. 이 말은 곧 마음만 먹으면 누구나 야생초차라는 이름이 붙은 차를 만들 수 있다는 말이기도 하다. 그간 전해지던 어떤 종류의 차를 내 나름대로 달리 만들 수도 있는 것이고, 내 스스로 색다른 방식으로 차를 개발할 수도 있다. 하지만 어떠한 경우에도 변하지 않는, 변할 수 없는 기본이 있다. 차를 만들 때 가장 기본이 되는 것은 정성, 곧 사랑이다. 사랑이 없이 만들어진 차는 이름만 차일뿐 진정한 의미의 차가 아니다. 그런 차를 마시게 되면 결 고운 차의 향에서 맛볼 수 있는 마음의 평온을 느끼기는커녕 겉모양에만 충실할 뿐 그 안에 내용이라곤 없는 칙칙한 냄새가 묻어나 오히려 마음이 불편해진다.

그것이 어떤 것이건 최소한 차라는 이름이 붙어 있다면, 그 안에 차를 만든 사람의 마음이 녹아들어 있어서 차를 마시는 사람으로 하여금 그 사람을 생각하는 내 마음이 차를 마시는 내내 느껴질 수 있도록 해야만 한다. 이것이 내가 생각하는 차이고, 이것이 내가 만들고자 하는 차이며, 이것이 내가 꿈꾸는 지극한 사랑이다. 재료를 채취하여 완성된 차를 만들어 마침내 한잔의 차를 마시게 되기까지 그 모든 과정 속에는, 비록 눈에 보이지는 않지만 이렇게 사람을 생각하는 지극한 정성과 사랑이 깃들어 있어야만 한다. 좋은 차를 마시면 그 자체만으로도 행복해지는 이유가 바로 여기에 있다.

냉이차를 마시면 마음이 맑아진다
냉이차

냉이는 일 년 중에서 차로 만들 수 있는 첫 번째 식물이다. 냉이는 그 향이 뿌리에 서 전해져 오기 때문에 뿌리와 잎을 같이 섞어 차로 만든다. 늦겨울에 채취한 것은 아직 잎이 완전히 푸르지 않아 차의 색은 그리 예쁘지 않아도 그 향이 깊다.

열 손가락 깨물어 아프지 않은 손가락 없다지만, 차를 만들다 보면 유독 더 정이 가고 눈길 한번 더 주게 되는 차가 있기 마련이다. 다행히 차의 재료를 채취하는 시기는 한꺼번에 몰려 있는 것 같으면서도 약간씩의 시차가 있어서 하나의 차를 만들고 나면 한동안은 만들어 낸 차를 시음하는 데 어느 정도 시간을 보낼 정도의 여유는 있다.

더러 내가 만든 차 중에 어느 차가 가장 좋으냐는 질문을 받는다. 대부분은 지금 만들어 마시고 있는 차가 가장 좋다는 식으로 대답을 한다. 그러니까 매화차를 만들어 마시고 있을 때 그 질문을 받으면 매화차가 가장 좋아하는 차가 되는 거고, 질경이차를 만들어 마시고 있을 때 그 질문을 받으면 질경이차가 가장 좋아하는 차가 되는 식이다. 그럴 수밖에 없는 것이 하나의 차를 만드는 그 순간만큼은 몸과 마음이 온통 그 차로 가득 들어차 있어서 감히 다른 생각이 들어올 만한 여지가 없기 때문이다.

계절에 상관없이 두루 즐기는 차로는 냉이차를 꼽는다. 특별히 냉이차를 좋아하는 이유는 차를 마실 적마다 풋풋하게 와 닿는 냉이 향이 좋아서이기도 하지만, 해마다 냉이차를 만들어 선물할 적마다 주는 것 이상으로 고맙고 감사한 마음으로 받아 주는 사람이 생각나서다. 냉이차를 마실 적마다 찻잔 안에 남은 냉이를 차마 버리지 못하고 후식 삼아 깨물어 먹는다는 사람들. 그분들의 소중한 마음결을 알기에 봄날 지천으로 피어나는 냉이 이파리 하나에까지 나는 모든 정성을 기울여 차를 만들 수밖에 없는 것이다.

냉이는 일 년 중에서 차로 만들 수 있는 첫 번째 식물이다. 늦은 겨울부터 이

른 초봄까지 채취한 냉이로 차를 만들 수 있는데, 냉이는 그 향이 뿌리에서 전해져 오기 때문에 뿌리와 잎을 같이 섞어 차로 만든다. 늦겨울에 채취한 것은 아직 잎이 완전히 푸르지 않아 차의 색은 그리 예쁘지 않아도 그 향이 깊고, 초봄에 채취한 것은 잎이 완전히 돋아난 상태여서 우러난 차의 색이 진한 초록 빛깔을 띠어 참 곱다.

대부분의 낮은 땅에서 자라는 식물들처럼 냉이도 겨우내 땅 속에 움츠리고 있다가 싹을 틔우기 때문에 잎과 잎 사이에 터럭이나 먼지 같은 이물질들이 아주 많다. 더구나 냉이는 사람의 발길이 잦은 곳에서만 싹을 틔우는 식물이다. 씻고 또 씻는 것이 냉이차를 잘 만드는 최대의 관건이라 할 만큼 냉이차는 우선 깨끗이 씻는데 모든 정성을 집중해야 한다. 흐르는 물에 여러 번 깨끗하게 씻은 냉이를 끓는 물에 살짝 데쳐 적당량의 뿌리에 잎을 감는 식으로 돌돌 말아서 채반에 널어 말리면 냉이차가 완성된다.

차를 만드는 과정에서 혹시 잎이 상한 게 있으면 하나하나 다듬어 주며 만들어야 나중에 차로 마실 때 그 모양새가 예쁘다. 보통 너무 큰 것이거나 너무 작은 것이 아니면 냉이 한 뿌리가 냉이차 한 잔을 만드는 기준이 된다. 통째로 냉이를 말려서 차로 우려도 되지만 그러면 부피가 늘어나 보관에 어려움이 많고, 옮기거나 덜어 내는 과정에서 바싹 마른 잎이나 뿌리가 부서져 가루가 많이 날 수도 있다.

일 년 중 가장 먼저 돋아나 봄소식을 전해 주는 냉이. 냉이를 다듬는 것으로 가장 먼저 차를 접하게 되지만, 냉이차는 계절에 상관없이 아무 때나 마셔도 그 빛과 향이 참으로 좋다. 가끔 이른 봄날의 냉이 향이 그리워질 때가 있다. 하지만

냉이차는 만들 때는 다소 시간이 걸리더라도 찻잔 하나에 냉이 하나가 들어갈 수 있도록 양을 가늠하여 말리는 게 좋다.

아무리 좋아진 세상이라고 해도 아무 때나 냉이를 구할 수는 없는 노릇이다. 요즘엔 과일이고 채소고 시도 때도 없이 나오니 때로는 도대체 정확한 철이 언제인지 헷갈릴 지경이지만, 그래도 분명 제철에 맞는 음식은 있는 법이다. 출하 시기를 조금 앞당기고 조금 뒤로 미루고 하는 식으로 조절을 할 수는 있겠지만 봄에 나는 음식을 여름이나 가을에 먹는다면 그것도 아마 제 맛은 아니지 싶다.

더운 여름에도 찾아보면 어딘가에는 냉이가 있기도 할 것이다. 이미 꽃도 폈다 지고 씨앗도 다 떨어졌겠지만 말이다. 차는 이럴 때 참 좋다. 한여름에도 냉이 향을 느끼며 냉이의 파릇한 모습을 감상할 수 있다는 게 어디 쉬운 일인가. 너무

바싹 마른 차는 서로 엉켜 상처나거나 하는 일이 없도록 보관시 세심한 주의가 필요하다.

바싹 말라서 자칫 차로 만든 냉이 잎이 부서지기 쉽고, 뿌리의 잔털도 찻잔 안에서 조각나 많이 떨어져 내리지만 그래도 그 향과 연초록으로 우러난 차의 빛깔은 변함이 없어 참 좋다.

냉이차를 마시면 마음이 참 맑아지는 느낌이 든다. 파란 하늘을 보고 있으면 내 안이 온통 하늘빛으로 파랗게 변하는 것처럼, 그 맑은 초록의 빛깔 때문일까? 냉이차를 마시면 내 안이 연한 초록으로 물드는 것 같이 느껴진다. 숨을 내쉬면 코끝에서 냉이 향이 배어 나올 것만 같다.

언제부턴가 냉이차를 마실 땐 따로 다식을 준비하지 않는다. 냉이차를 다 마시고 남은 냉이를 입 안에 넣고 씹으면 입 안에서 알싸한 봄의 기운이 느껴진다. 구태여 번거롭게 다식 같은 거 준비할 필요도 없이 찻잔에 남은 냉이를 입 안에 넣고 가만가만 씹으면 그게 곧 훌륭한 다식이 된다. 마신 지 한참이 되는데도 입 안에서 냉이 향이 느껴진다. 따뜻해진 몸과 마음이 한없이 평온해져 온다. 누구에게나 하루의 일상은 어느 정도의 피곤을 몰고 온다. 초록으로 우러난 냉이차 한잔 마시면서 남은 하루를 정리하는 것도 좋을 것이다.

 ### TiP 냉이차 만들기

이른 봄에 냉이를 채취하여 뿌리와 잎을 깨끗이 다듬는다. 냉이는 뿌리에서 향이 더 강하게 나므로 뿌리가 다치지 않도록 조심한다. 다듬은 냉이를 뜨거운 물에 살짝 데쳤다가 찬물로 헹군 후 물기를 뺀다. 찻잔 하나에 들어갈 정도의 적당한 양과 크기로 냉이 뿌리에 잎을 말아 준다. 한지나 채반에 널어 그늘에서 바싹 말린다. 찻잔에 마른 냉이 하나를 넣고 뜨거운 물을 부은 후 약 2~3분 후에 마신다.

효능
비타민C가 풍부하여 겨울철 감기 예방에 좋다. 위장이 허약한 사람이나 당뇨병이 있는 사람에게도 냉이는 좋은 효과가 있다.

마음까지 연분홍으로 물들어

진달래차

꽃이 절정에 이르렀을 때 꽃을 따서 수술을 제거하고 오로지 꽃잎만으로 진달래차
를 만드는데, 꽃잎이 비교적 크고 그 크기에 비해 상대적으로 여려서 꽃잎을 말려
서 차를 만드는 것보다는 설탕에 재우는 방식을 쓴다.

해마다 이른 봄이면 붉게 피어나 온 산을 덮어 버리는 꽃이 있다. 미처 잎이 돋기도 전에 가지마다 온통 붉은 꽃을 피워내는 이 꽃이 얼마나 환하였으면 옛사람들은 꽃 중의 진짜 꽃이라는 뜻의 참꽃이라는 이름으로 이 꽃을 불렀을까?

진달래는 보통 4월이면 꽃망울을 터뜨리기 시작한다. 가지에서 잎이 돋아나기 전에 꽃이 먼저 피고, 꽃이 지면서 잎이 돋기 시작한다. 꽃잎의 모양이나 꽃빛이 비슷한 시기에 피는 철쭉과 비슷하여 두 꽃을 혼동하는 경우가 있는데, 진달래와 철쭉은 확연히 다르다. 진달래가 철쭉에 비해 개화 시기가 한 달 정도 빠르고, 진달래가 가지에 잎이 돋아나기 전에 꽃이 먼저 핀다면 철쭉은 잎과 꽃이 동시에 돋고 핀다. 진달래는 사람이 먹을 수 있는 대표적인 꽃이지만 철쭉은 사람이 먹을 수 없는 꽃이다. 꽃잎을 보면 진달래는 색이 연한 분홍빛으로 꽃잎의 두께가 얇아 여려 보이는 반면 철쭉은 꽃빛이 진하고 꽃잎이 진달래에 비해 두꺼우며 꽃빛도 다양하다.

한방에서는 진달래꽃만을 따로 모아 약의 재료로 쓰는데 기관지염에 특효가 있는 것으로 알려져 있고, 감기로 인한 두통이나 기침에도 잘 듣는다고 한다. 꽃을 따서 화전을 만들어 먹기도 하고 술을 담가 두고 익으면 멋을 부려 마시기도 하는데, 진달래꽃의 수술 부분에는 약간의 독성이 있어서 어느 경우에나 수술은 제거하고 만드는 게 좋다.

진달래차는 설탕에 재우는 방식으로 차를 만들기 때문에 단맛이 강하므로 하루에 한두 잔 정도 마시
는 게 적당하다.

꽃이 절정에 이르렀을 때 꽃을 따서 수술을 제거하고 오로지 꽃잎만으로 진달
래차를 만드는데, 꽃잎이 비교적 크고 그 크기에 비해 상대적으로 여려서 꽃잎을
말려서 차를 만드는 것보다는 설탕에 재우는 방식을 쓴다. 싱싱한 진달래 꽃잎을
채취하여 수술은 떼어 내고 흐르는 물에 깨끗이 씻은 후 물기를 말린 다음 마른
꽃잎과 설탕을 일대일의 비율로 하여 용기에 켜켜이 재워 두면 되는데, 설탕이
녹으면서 진달래의 액이 우러나면 뜨거운 물에 타서 마시면 된다.

보통 진달래꽃은 연한 분홍빛과 진한 분홍빛을 띠는 것이 많은데, 드물게는 하얀 빛깔로 피어나는 것도 있다. 하얀 진달래는 하얗게 피어나는 그 빛깔이 특히 고와서 마치 선녀가 하얀 옷을 펄럭이며 내려오는 것 같다 하여 선녀화(仙女花)라고 불리기도 하는데, 지금은 사람들의 무분별한 채취로 쉽게 볼 수 없는 꽃이 되어 버렸다.

전국의 어느 산에서나 봄이면 흔하게 피어 눈으로 볼 수 있는 진달래꽃. 그 까탈스럽지 않은 성격만큼이나 많은 사람들로부터 가장 사랑받는 꽃 중 하나인 진달래꽃. 이른 봄이면 늘 진달래 꽃빛에 취해 사람의 마음 빛도 연분홍 빛깔로 더불어 흐드러진다.

TiP 진달래차 만들기

아직 시들지 않은 활짝 피어난 꽃잎만을 채취한다. 채취한 꽃잎에서 수술 부분을 떼어 내고 흐르는 물에 깨끗이 씻는다. 소쿠리에 담아 물기를 제거한 후 어느 정도 꽃잎이 말랐다 싶을 때 꽃잎과 설탕을 일대일의 비율로 하여 유리용기 안에 차곡차곡 재운다. 가급적이면 용기 안에 내용물이 꽉 찰 정도로 담고, 설탕이 녹으면서 용기 안에 빈 공간이 생기면 나무주걱을 이용하여 잘 저어 주면서 꽃잎에 설탕이 골고루 스며들 수 있도록 한다. 용기에 담은 후 15일에서 30일 정도 지나면 차로 마실 수 있는데, 뜨거운 물에 우려 꽃잎은 건져 내고 차만 마신다.

효능

해수, 기관지에 특히 좋고 감기로 인한 두통에도 좋은 효과가 있다.

빨리 걸으면
작은 들꽃을 보지 못한다

빨리 걸으면 보지 못한다. 돌이켜보면 그 보지 못하고 지나치는 것들 중에 우리에
게 소중한 것들이 얼마나 많았던가. 그때, 잠시만 멈추었더라면! 그때, 조금만 더
느리게 걸었더라면!

점심시간이다. 원래는 토요일에 쉬는데 요즘엔 토요일에도 출근을 하는 일이 잦다. 바쁘게 산다는 건 좋은 일이라지만, 솔직히 잘 모르겠다. 바쁘게 사는 만큼 무심히 지나칠 소중한 일들도 그만큼 많아지고 있는 건 아닌지…….

오래전의 일이다. 큰아이와 같이 근처 야트막한 산에 갔는데, 괜히 마음만 바빠서 종종거리는 아이의 손을 억지로 잡아끈 적이 있다.

— 빨리 가자.

— 왜?

— 빨리 가야 또 얼른 내려오지.

어린아이에게 기껏 한다는 이야기가 그랬다. 그러자 가만히 귀 기울여 듣고 있던 아이가 그런다.

— 근데, 아빠. 빨리 가면 안 보이잖아.

— 안 보여? 뭐가?

— 저것들…….

뭐였을까? 생각해 보라. 빠르게 걸으면 보이지 않고, 느리게 걷다가 때로는 멈추어 서야만 보이는 것. 아이가 가리키는 그곳엔 키 작은 들꽃 하나가 피어 있었다. 한 걸음 한 걸음 옮길 적마다 아이의 시선을 사로잡고 아이의 발길을 멈추게 하는 것, 그건 다름 아닌 작은 들꽃 한 송이였다.

산에 오르면서도 정작 나는 산에 오르는 이유를 알지 못한다. 빨리 걸어 그만큼 빨리 정상에 오르면 결국 그만큼 빨리 산을 내려오게 되겠지만, 남들보다 빨리 오르고 내려왔다는 것 외에 내게 남는 건 뭐가 있을까? 사람마다 가치의 기준

이 다르다는 건 안다. 어떤 사람에게는 빨리 오르고 빨리 내려오는 그 자체가 하나의 의미가 될 수도 있겠다. 하지만 한 번만 더 생각해 보면 아이의 말이 옳다는 것을 인정하게 된다. 빨리 걸으면 보지 못한다. 그 보지 못하고 지나치는 것들 중에 돌이켜 보면 우리에게 소중한 것들이 과연 얼마나 많았던가. 그때, 잠시만 멈추었더라면! 그때, 조금만 더 느리게 걸었더라면!

　점심을 먹고 짬을 내어 근처 들녘에 간다. 자동차로 스쳐 지날 때는 미처 보이지 않던 것들이 걸으니 다 보인다. 쇠뜨기도 보이고, 냉이꽃도 보이고, 씀바귀도 보이고, 쑥도 보이고……. 내가 저것들을 바라보고 저것들의 이름을 한 번씩 불러준다고 해서 세상이 지금보다 더 나아진다거나, 지금보다 훨씬 더 살 만한 곳으로 바뀐다고는 생각하지 않는다. 하지만 보라. 세상은 변하지 않겠지만 나 자신은 변하게 된다. 하나하나 들꽃들의 이름을 부르고 그것들의 모양을 살펴보라. 그럴 적마다 내 가슴은 얼마나 환한 빛으로 가득 차오르게 되는가.

　문득 세상이 환해진다는 말, 잊지 말라. 느리게 산다는 건 남에게 뒤처져 산다는 말이 아니다. 그것은 어쩌면 남들이 보지 못하는 진정으로 가치 있고 소중한 것들과 더불어 산다는 의미이다. 지금 이 순간, 한 번 가면 다시는 오지 않을 소중한 봄날이 또 저렇게 우리 곁에서 사라져 가고 있다.

찻잔에서 다시 환하게 피어

제비꽃차

뜨겁게 우려난 찻물 위에서 보랏빛 제비꽃이 빙빙 춤을 춘다. 차마 단숨에 다 마시지 못한 채 눈으로 개화의 장면을 지켜보는 일은 꽃잎차를 마실 때만 느낄 수 있는 커다란 즐거움 중 하나이다.

이른 봄날 야트막한 야산이나 화단 가에 줄지어 늘어서 피어 있는 제비꽃을 보면 꼭 초록색 원복에 보랏빛 모자를 쓰고 유치원에 가려고 옹기종기 모여 있는 꼬마 애들 같다. '참새!' 하고 선창하면 질세라 '짹짹!' 하고 큰소리로 대답해 줄 것만 같다.

제비꽃은 다르게 불리는 이름이 많은데 해마다 오랑캐가 올 적이면 꽃이 핀대서 오랑캐꽃으로 불렸고, 잎이나 꽃이 높이 자라지 않고 땅바닥에 납작하니 엎드려서 자란다 하여 앉은뱅이꽃으로 불리기도 하였는데, 꽃의 색이나 잎의 차이에 따라 그 종류도 아주 많다.

환한 봄날에 새로이 올라오는 꽃잎을 따는 일은 언제나 가슴 뛰는 일이다. 세상 밖으로 이제 막 뽀얗게 내민 호기심들, 어쩌면 그렇게 꽃들의 표정은 한결같을까? 온몸을 초록으로 무장한 채 얼굴 전체를 덮어 버리도록 깊숙하니 눌러쓴 보랏빛 모자. 이제 막 피기 시작하는 제비꽃을 볼 적이면 어김없이 마음 한 편이 한없이 평온해져 오는 것이 비단 나만의 감정은 아닐 것이다.

꽃잎이 작고 여려서 손으로 제비꽃잎을 따는 일은 결코 만만치 않다. 자칫 손에 힘을 많이 주면 꽃잎이 뭉그러지기 십상이고, 꽃잎을 따는 일에 너무 신중하다 보면 줄기에서 꽃잎이 떨어지지 않고 줄기째 부러지는 경우도 생기게 된다.

제비꽃은 해마다 씨앗으로 번식을 한다. 올해 이 자리에 많은 제비꽃이 피었다고 해서 꽃잎을 모조리 다 따 버리면 내년에는 더 이상 이곳에서

제비꽃은 갓 피어난 싱싱한 꽃잎과 연한 잎을 채취하여 차로 만든다.

이토록 어여쁜 제비꽃을 볼 수 없게 될지도 모른다. 필요 이상으로 탐내는 것을 욕심이라고 한다. 제비꽃의 초록빛 잎으로 만든 차에 한 송이나 두 송이 꽃잎을 얹을 양이면 충분하다. 욕심을 부려 있는 대로 모든 것을 다 취한다면 그 순간의 만족은 얻을 수 있을지 모르겠으나, 그 행위로 인하여 머잖아 스스로 불편을 느끼게 된다.

제비꽃의 잎에는 비타민C가 많이 함유되어 있어서 봄에 나물로 무쳐 먹어도 좋고, 차로 만들어 두었다가 겨울철에 우려 마시면 감기 예방에도 좋다고 한다. 제비꽃차는 특히 이뇨 작용이 뛰어나서 소변의 흐름이 원활할 수 있도록 도와준

다. 제비꽃차는 보통 꽃이 피기 전의 잎과, 꽃이 갓 피었을 때의 잎을 채취하여 만든다. 제비꽃은 뿌리에서 직접 줄기가 올라와 그 줄기에서 잎이 자라므로 줄기 부분은 잘라 내고 넓은 잎으로만 차를 만드는 게 나중에 차를 마실 때 찻잔 안에서 드러나는 모양새가 깔끔하다.

잎이 큰 편이 아니어서 하나하나의 잎을 깨끗이 씻어 살짝 덖어 그늘에서 말리면 되는데 차는 연한 초록빛을 띠고 구수한 맛이 난다. 제비꽃 이파리를 말릴 때는 덩어리째 말리지 말고, 나무핀셋으로 잎을 하나하나 집어 올려 한지나 채반에 널어 말려야 한다. 덩어리째 말리게 되면 마르는 과정에서 그대로 굳어 나중에 떼어 내려 하면 잎이 찢어지거나 한지에 잎이 들러붙는 경우가 생기게 된다.

뜨겁게 우러난 찻물 위에서 보랏빛 제비꽃이 빙빙 춤을 춘다. 차마 단숨에 다 마시지 못한 채 눈으로 개화의 장면을 지켜보는 일은 꽃차를 마실 때만 느낄 수 있는 커다란 즐거움 중 하나이다. 작은 그릇 안에서 환하게 피어난 제비꽃차가 오늘, 내 안에 온통 어여쁜 희망의 싹을 뿌리고 있다.

워낙 낮은 곳에 피어나는 꽃이라서 잘 모르지만 쪼그려 앉아 자세히 살펴보면 제비꽃처럼 귀엽고 앙증맞은 꽃도 드물다. 해마다 봄이 되어 제비꽃이 피면 일회용 종이컵에 몇 송이쯤 옮겨다가 베란다 창가나 아이들 책상 위에 올려놓는다. 비록 작은 들꽃 한 송이에 지나지 않지만, 그 순간 화사한 봄의 기운이 온 집안 가득 전해져 옴을 느끼게 된다.

보랏빛으로 무리 지어 피어나는 제비꽃이 좋아서 화폭에 제비꽃을 옮겨 그리고 싶다는 분이 계시다. 대기만성이라고 했다. 봄날에 이토록 환한 꽃을 피우려고 그 긴긴 겨울 동안 제비꽃 씨앗은 깊은 땅 속에서 스스로를 얼마나 어르고 달래며 참고 기다리는 것일까? 언젠가는 그 환한 봄날의 들녘 한 편이 그분의 화폭에서 고스란히 살아날 것임을 나는 믿고, 또 믿는다.

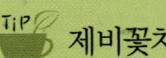

제비꽃차 만들기

꽃이 피어나기 전에 잎을 채취하거나, 꽃과 잎을 동시에 채취한다. 꽃은 크기가 작고 여리므로 흐르는 물에 조심스럽게 씻어 그늘에서 말린다. 잎은 씻은 후 물기를 빼고, 솥에 살짝 덖거나 뜨거운 물에 데친 후 채반에 넣어 그늘에서 말린다. 찻잔에 말린 잎 서너 개를 먼저 넣고, 그 위에 뜨거운 물을 부은 후 꽃잎을 띄워 마신다.

효능
몸 안에 쌓인 독을 없애 주거나 염증을 가시게 하는 등의 효능이 있으며 불면증에도 좋다.

특유의 풋내와 싱그러운 초록빛

토끼풀차

찻잔 안에서 초록으로 우러난 토끼풀차를 마시면서 문득 큰 아이가 그런다. "이 차 우리 뱃속에 들어갈 때 우리 뱃속은 초록빛깔이 되겠다." 자꾸 그렇게 생각해서 그런지 이 차를 마실 때면 정말 내가 한 마리 토끼라도 된 듯한 느낌이 든다.

냉이 한 포기까지 들어찰 것은 다 들어찼구나

네잎클로버 한 이파리를 발견했으나 차마 못 따겠구나

지금 이 들녘에서 풀잎 하나라도 축을 낸다면

들의 수평이 기울어질 것이므로

동화작가 정채봉 님이 쓰신 '들녘' 이라는 시다. 이 시를 읽을 적마다 가슴이 참으로 뭉클해져서는 정말 세상을 열심히 살아야겠다는 마음이 새로워진다.

네잎클로버는 원칙적으로 보면 기형이다. 클로버 잎이 한참 싹을 틔울 때 사람이나 동물이 어린 클로버 잎을 밟아 싹에 상처가 생기면 그 상처를 치유하는 과정에서 잎이 하나 더 돋아 네 잎이 되는 것이라고 한다. 그래서 네잎클로버는 보통 사람이나 동물의 왕래가 잦은 곳에서 무리 지어 발견되는 경우가 많다. 토끼가 이 풀을 좋아한다고 해서 토끼풀이라고 불리는데, 잎과 잎 사이 줄기에서 꽃대를 세워 꽃을 피우는 이 꽃으로 흔히들 꽃시계를 만들기 때문에 어렸을 적에는 특별히 이 꽃을 시계꽃이라고 부르기도 했다.

한참 잎이 돋는 5월경에 깨끗한 곳에서 채취한 토끼풀잎으로 만든 차는 그 빛깔이 참 곱다. 흰빛이 나는 찻잔에 토끼풀잎 서너 장 넣고 차를 우리면 금세 찻잔에 초록빛 물이 우러난다. 우러난 차의 색이 진한 초록빛을 띠는데 가만히 보기만 해도 봄날의 들녘 한 편이 찻잔 안에 옮겨온 듯하다.

차를 만들면서 조금만 신경을 쓰면 찻잔 안에서 이파리 하나하나가 피어나는 모양을 구경하는 색다른 멋도 즐길 수 있다. 하나의 줄기에 석 장의 잎이 같이 붙어 자라는 토끼풀은 하나의 줄기를 손으로 들면 석 장의 잎이 같이 딸려 온다. 당

장 편리한 대로 그 상태 그대로 말리면 석 장의 잎이 서로 붙은 채로 마르게 되고, 그러면 나중에 차를 마실 때도 자연 상태의 예쁜 토끼풀 모양을 감상할 수 없게 된다. 시간이 좀 걸리고 작업 진행이 더디더라도 하나하나의 이파리를 손으로 펴서 석 장의 잎이 펴진 상태가 되게 하여 말리는 게 좋다. 그렇게 잎을 말리면 나중에 차로 마실 때 찻잔 안에서 이파리가 원래의 모양대로 활짝 펴지게 되고, 그렇게 활짝 펴진 채 골고루 우러나야 차의 색도 훨씬 더 예쁜 빛깔이 된다.

특별한 맛은 없고 특유의 풋풋한 풀내가 나는데, 마시면 마음에 온통 초록빛 물이 든 것처럼 싱그럽다. 차를 만드는 과정에서 점액질 같은 끈적거리는 물질이 나와 채반이나 한지에 말릴 때 달라붙는 경향이 있다. 그대로 말리면 나중에 잎을 떼어 낼 때 잎이 상하는 경우가 있으므로 반드시 말리는 중간 중간에 잎을 한 번씩 뒤집어 주어야만 한다.

아이들이 그런다. 이 차를 마시면 꼭 우리 집 식구들이 모두 토끼가 된 것 같다고. 토끼풀의 이파리로 만든 차라니까 처음엔 잘 마시려 들지 않더니만, 입맛이 야생초차에 길들여지다 보니 이젠 어렵지 않게 곧잘 마신다. 특히 큰애가 차를 참 좋아해서 어떤 차든지 가리지 않고 잘 마신다. 토끼풀차도 작은애는 망설이며 잘 마시지 않는데, 큰애는 조심스러워하면서도 이내 잘 마셔서 차를 만든 아빠의 마음을 얼마나 즐겁게 해 주는지 모른다.

일전에 텔레비전에서 〈투명인간〉이라는 영화의 한 장면을 아이들과 같이 본 적이 있다. 투명인간이 된 주인공이 색소가 들어 있는 주스를 마시는 장면이었는데, 투명해진 몸 안으로 들어가는 선명한 색깔의 주스가 아이들의 눈에 참 신기

토끼풀의 꽃말은 행복이다. 지천에 피어 있는 저것들을 바라보는 그 자체가 우리가 느낄 수 있는 진짜 행복은 아닐까?

해 보였나 보다. 찻잔 안에서 초록으로 우러난 토끼풀차를 마시면서 문득 큰 아이가 그런다.

— 이 차 우리 뱃속에 들어갈 때 우리 뱃속은 초록 빛깔이 되겠다.

자꾸 그렇게 생각해서 그런지 이 차를 마실 때면 정말 내가 한 마리 토끼라도 된 듯한 느낌이 든다. 뭐, 어떤가. 토끼는 착하고 순해서 예쁨을 많이 받는 짐승이지 않은가. 환하게 트인 들녘에 나란히 앉아 순하디 순한 어린 토끼가 한번 되어 보는 것도 얼마나 아름다운 일인가. 봄이면 어디를 가나 가장 흔하게 볼 수 있

는 토끼풀. 무심히 스쳐 지난다면 그저 그런 하나의 풀잎에 지나지 않지만 그 풀 잎 한 장 한 장에 나만의 의미를 준다면 그것은 더 이상 그저 그런 풀잎이 아닌 나에게 있어 특별한 무엇이 된다.

요즘 들에 나가면 전에 없이 부쩍 눈에 띄는 풀이 있다. 모양새는 토끼풀과 똑 같은데 꽃과 이파리가 토끼풀의 몇 배만큼이나 크고 붉은색 꽃을 피우는 풀. 바 로 붉은토끼풀이라는 풀이다. 붉은토끼풀은 말 그대로 토끼풀과 똑같은데 붉은 색 꽃이 핀다고 해서 붙여진 이름이다. 애초에는 잎이 커서 초식동물의 사료용으 로 들여온 모양인데, 왕성한 번식력으로 점점 우리의 들판을 점령하다시피 하고 있다. 어떤 식물이건 외래종은 토종에 비해 번식력이 강하고 생명력이 질기다는 공통점이 있는데, 별다른 생각 없이 들여온 외래 식물에 밀려 점점 토종 식물이 설 자리를 잃어간다는 것은 참으로 안타까운 일이다. 시인의 저 간절한 마음 같 을 수야 없겠지만, 아무리 작은 풀잎 하나도 인위적인 행위에 의해서 이 땅에서 저 혼자 외로이 사라지는 일은 없어야 되겠다.

 TIP 토끼풀차 만들기

꽃이 피기 전이나 꽃이 핀 직후의 잎을 채취하여 차로 만든다. 손질한 잎을 뜨거운 물에 살짝 데쳤다가 찬물로 헹군 후 잎 하나하나를 펼쳐서 그늘에서 말린다. 말리는 도중에 잎 이 채반에 달라붙지 않도록 수시로 뒤적여 준다. 찻잔에 말린 잎 서너 조각을 먼저 넣고 뜨거운 물을 부어 2~3분 정도 우린 후에 마신다.

효능

폐결핵, 감기 등의 치료에 좋은 효과를 보인다.

이제 막 시집 온 수줍은 각시붓꽃

가슴 안에 담아 두었던 생각 따위야 까마득히 잊은 채 빈손으로 터덜터덜 내려오
는 산길은 언제나 나에게 가장 큰 행복의 충만함을 안겨 준다. 비우는 것이야말로
가득 채우는 것이라고, 등 뒤로 멀어지는 꽃들의 어울림이 내게 속삭인다.

전혀 뜻하지 않은 장소에서 전혀 뜻하지 않은 꽃을 만난다. 남산제비꽃과 고깔제비꽃이 서로의 영역을 지키며 수수하게 피어 있는 중간에 다소곳한 모양새로 활짝 피어 있는 각시붓꽃을 본다. 각시붓꽃이라는 이름에서 느껴지는 이미지처럼 꽃이 피어 있는 모양새도 어쩌면 이렇게까지 수수할 수 있을까? 각시는 원래 갓 결혼한 젊은 새색시를 이르는 말이다. 지금까지 살아왔던 장소와 환경을 떠나 전혀 낯선 장소, 전혀 낯선 사람들 사이로 이제 막 시집 와 조금은 두려우면서도 부끄럽고 수줍은. 각시붓꽃을 보고 있노라면 그러한 새색시의 이미지가 그대로 이 꽃에게서도 느껴진다.

각시붓꽃은 야트막한 산비탈의 비교적 건조한 지대에서 잘 자란다. 적당히 그늘이 드는 곳이거나 양지에서 특히 많이 눈에 띄지만, 식물의 크기가 크지 않으면서 잎과 꽃이 워낙 사람의 시선을 끌기에 충분해 요즘엔 마구잡이로 뿌리째 뽑아 가는 일이 많아 그나마도 보기에 힘든 꽃이 되어 버렸다. 자연 상태에서 누구의 간섭도 받지 않고 서로의 존재를 인정해 주며 저에게 맞는 꽃을 피워 내는 야생화들을 보고 있으면 문득, 꽃들은 참으로 겸손하다는 생각이 든다.

겸손하다는 것은 나 아닌 다른 어떤 것들을 그 자체로 인정해 준다는 말이다. 나만이 잘났다고 고개 뻣뻣하게 쳐들지 않고, 나만 잘 살겠다고 다른 존재들이야 어떻게 되건 말건 제멋대로 행동하지 않는다는 말이다. 제비꽃은 제비꽃대로 양지꽃은 양지꽃대로 산딸기꽃은 산딸기꽃대로 다 어여쁘다. 하다못해 풀 한 포기까지 빈틈없이 다 들어찬 봄 산, 그 틈바구니 속에 제 엉덩이 하나 비집고 들어앉아 있는 대로 저의 자태를 뽐내고 있는 각시붓꽃.

나만이 잘났다고 내가 피워 낸 꽃만이 이 세상에서 제일 예쁘다고 소리 박박 지르는 꽃, 본 적 없다. 애초에 산을 찾았던 이유가 뭐 그리 중요할까? 가슴 안에 담아 두었던 생각 따위야 까마득히 잊은 채 빈손으로 터덜터덜 내려오는 산길은 언제나 나에게 가장 큰 행복의 충만함을 안겨 준다. 비우는 것이야 말로 가득 채우는 것이라고, 등 뒤로 멀어지는 꽃들의 어울림이 내게 속삭인다.

슬픈 운명을 지닌 풀

질경이차

사람들의 발길이 잦은 땅을 선택하여 홀로 씨앗을 퍼뜨려 싹을 틔우는 질경이. 영리하다고 해야 할지 우직하다고 해야 할지 모르겠지만 그 덕분에 질경이는 특별한 경쟁자 없이 해마다 질긴 생명력을 유지한다.

애초에 식물이나 동물의 이름은 누가 지어 주었는지 모르겠다. 꼭 그 이름이 귀에 익어서만은 아닐 것이다. 어떤 이름은 처음 들었어도 그 식물에 그 이름이 아니면 과연 어떤 이름이 어울릴 수 있을까 생각하게 하는 것들이 있다.

질경이라는 식물이 있다. 이른 봄에 싹을 틔우는 식물인데 유독 사람의 발길이 잦은 곳에서 잘 자란다. 그래서 마당이나 밭두렁 같은 곳에서도 잘 자라는데 아무리 뽑아도 며칠만 지나면 도로 그만큼의 질경이가 돋아 있을 정도로 생명력이 강하다. 얼마나 질기면 그 이름도 질경이라고 붙여 주었을까?

하지만 알고 보면 질경이는 참 슬픈 운명을 지닌 식물이다. 세상에 사람이나 짐승의 발에 짓밟히는 것을 좋아하는 식물이 어디 있을까? 웬만한 식물은 사람이나 짐승의 발길이 잦은 땅에서는 싹도 틔우지 못한다. 애초에 씨앗이 바람에 날아갈 때에도 다른 식물들은 가능하면 사람이나 짐승의 발길이 닿지 않는 곳을 선택한다. 그런 곳이 싹을 틔우기도 좋고 자라 열매를 맺기도 좋기 때문이다. 하지만 그런 곳의 단점은 경쟁이 너무 심하다는 것이다. 너도나도 다 그런 땅에 씨앗을 퍼뜨리기 때문에 그곳에서 살아남기 위해서 씨앗들은 엄청난 경쟁을 치러야만 하고, 그 경쟁에서 살아남아야만 한다.

질경이는 그 경쟁에서 살아남을 자신이 없었던 것일까? 아니면 애초에 경쟁하고 싶은 마음부터가 없었던 것일까? 질경이는 처음부터 다른 식물들은 너무 척박하고 위험한 땅이라고 포기해 버린, 사람들의 발길이 잦은 땅을 선택하여 그곳에서 홀로 씨앗을 퍼뜨려 싹을 틔운다. 영리하다고 해야 할지 우직하다고 해야 할지 모르겠지만 그 덕분에 질경이는 특별한 경쟁자 없이 해마다 질긴 생명력을

어느 차건 재료 자체가 지니고 있는 수분을 완벽하게 제거해 주는 게 좋다. 그래야만 비교적 오랜 시간 동안 차가 변질되는 것을 예방할 수 있다.

유지할 수가 있는 것이다.

　질경이 잎을 뜯다 보면 잎이 참 질기다는 것을 느낄 수 있다. 잎 속에 가는 실 같은 것이 뿌리로 연결되어 있어서 손으로는 쉽게 뜯어지지 않는다. 질경이 잎으로 차를 만들 때는 그래서 잘 드는 칼이나 가위로 깨끗이 잎을 잘라 만들어야 한다. 낮은 땅에서 자라는 식물이기에 잎에 먼지나 터럭이 많으므로 흐르는 물에 몇 번이고 깨끗이 씻은 후에 만드는 게 좋다.

　질경이 잎은 차로 만들어 바싹 말리면 쉽게 수분을 흡수하지 않기에 보관만 잘하면 일 년 정도는 두고두고 차로 우려 마실 수 있고, 식수를 끓일 때 보리를 대신해서 넣고 끓여 시원하게 마셔도 좋다.

질경이차 만들기

잘 드는 손가위나 칼로 질경이 잎을 하나하나 채취한다. 낮은 곳에서 자라는 식물이어서 잎에 흙이나 먼지가 많으므로 이물질이 완전히 제거될 때까지 깨끗이 씻는다. 물기를 뺀 후 솥에 살짝 덖어 그늘에서 바싹 말린다. 찻잔에 말린 잎 서너 조각을 넣고, 뜨거운 물을 부은 후 2~3분 정도 우려 마신다.

효능

어지럼증, 두통 등에 효과가 있고, 설사를 멈추게 하며 방광염 등에도 좋은 효과를 보인다.

하나의 차가 되기까지

만들 때마다 마음에 와 닿는 좋은 차를 만들기란 쉬운 일이 아니다. 스스로 만족할
수 없다면 버리고 처음부터 새로이 시작해야만 한다. 그간의 수고를 생각하면 쉬
운 일이 아니지만, 그 또한 좋은 차를 만들기 위한 하나의 과정이라고 생각하면 순
간의 아쉬움도 그런대로 견딜 만한 것이 된다.

애써 캐서 다듬어 차로 만든 쑥을 한 채반 가득 내다 버린다. 차마 내키지 않는 일이지만 어쩔 수 없다. 버리지 않으면 내내 마음에 남아 언짢을 것이니, 몇 날 며칠 수고를 생각하면 아쉽지만 내다 버리는 게 나를 위해서도 좋은 일이다. 차를 만들다 보면 똑같은 재료를 채취해서 똑같은 과정으로 똑같은 차를 만드는데도 왜 똑같은 맛과 모양의 차가 만들어지지 않는 것인지 속이 상할 때가 있다.

잘 만들어진 쑥차는 그 빛깔부터가 다르다. 바싹 말랐어도 쑥잎 특유의 하얀 빛과 초록빛이 그대로 남아 있어서, 차로 우리면 진한 초록빛 물이 우러난다. 냄새를 맡아 보면 강한 쑥 향이 나고, 차로 우려도 특유의 향이 가시지 않는다. 하지만 잘못 만들어진 쑥차는 다르다. 빛깔부터가 하얀빛과 초록빛이 나지 않고 진하거나 연한 갈색을 띠게 된다. 차로 우리면 차도 갈색인데 맛을 보면 쑥 향은 나는데도 어딘지 모르게 맑고 투명한 맛이 없이 눅눅한 곰팡이 냄새가 나기도 한다.

여린 쑥잎을 펼쳐서도 만들어 보고 쑥잎 전체를 구슬만 한 크기로 돌돌 말아서도 만들어 보고…… . 어떤 형식으로 만들어도 그 자체로는 문제가 없는데 아마도 재료를 보관하거나 만드는 과정에서 어떤 문제가 있지 않았나 싶다. 일단은 아쉽고 가슴이 아프지만 막상 마음에 들지 않는 차를 다 버리고 나면 큰 짐을 던 것처럼 몸과 마음이 오히려 편안해진다. 제대로 된 게 아닌 줄 알면서 스스로 마실 수도 없고, 더군다나 내가 좋아하는 사람들에게 마시라고 권한다는 것은 상상도 할 수 없는 일이다. 스스로 만족하지 못한다면 버리고 새로이 시작해야만 한다. 자신을 위해서도 그게 좋은 일이다.

쑥차 한 채반을 음식물 쓰레기통에 버리고 아파트 담벼락에 빈 채반을 툭툭

턴다. 하얗게 마른 쑥 가루들이 봄바람에 흩어진다. 좋은 차를 만들기 위한 과정이라고 생각하면 순간의 아쉬움도 그런대로 견딜 만한 것이 된다. 하나의 차를 만들기 위한 과정이 때로는 이렇듯 사람의 마음을 참 아프게도 한다.

누에의 먹이에서 귀한 약초로 변신

뽕잎차

어떤 차를 만들어서 처음으로 찻잔에 따라 마시는 일은 너무 가슴 떨리고 행복한
일이다. 그 모양과 빛깔을 보는 일만으로도 벌써 차의 맛을 다 보아 버린 듯하다.

모든 일에는 그 일을 하기에 가장 적당한 때가 있는 법이다. 차를 만드는 일도 그렇다. 꽃은 한 계절 내내 피어 있는 것 같고 나뭇잎은 사시사철 푸르른 것 같지만, 그것들이 절정의 상태에 있는 시기는 그리 길지 않다. 가령 매화꽃은 보름에서 한 달 동안 피고 지고를 반복하고 나뭇가지에 꽃이 매달려 있는 기간도 그 정도 되지만, 차로 만들기에 가장 적당한 꽃을 얻을 수 있는 기간은 길어야 열흘을 넘기기 어렵다. 너무 일러 몽우리를 미처 열지 않았거나 너무 늦어 만개한 꽃으로는 차를 만들 수 없기 때문이다.

연 이틀을 계속 비가 내린다. 계획대로라면 오늘쯤 산에 가서 뽕잎을 채취해야 하는데, 이 비를 피할 재간이 나에게는 없다. 우산을 쓰거나 우의를 입고 나서기에도 빗줄기가 턱없이 굵어 보인다.

지금 따는 뽕잎은 이제 막 순을 틔운 여린 잎이다. 여린 잎은 차로 만들면 연한 연둣빛이 나고 맛을 보면 지극히 순하여 특별한 맛과 향을 느끼지 못할 정도지만, 오히려 그러하기에 오랫동안 가슴으로 음미할 수 있는 여운으로 남는다. 잎이 연한 만큼 차로 만들기가 조금은 까다롭지만 만들어 놓으면 그만한 대가는 반드시 주어진다. 뽕잎은 다른 식물의 잎보다 성장 속도가 빨라 하루가 다르게 잎이 커 간다. 뽕잎이 자라는 속도를 보면 정말 오늘 다르고 내일이 다르다.

이런저런 핑계를 대다 보면 끝이 없다. 지금이 여린 잎으로 뽕잎차를 만들기에 가장 적당한 때이다. 내일이라도 비가 우선해지면 더 이상 때를 놓치기 전에 산으로 가야겠다. 하루 비에 젖는 것이, 때를 놓쳐 일 년 내내 마음에 남는 것보다는 훨씬 더 나을 것이다.

여린 뽕잎은 그대로 차를 만들고, 어느 정도 쉰 잎은 얇게 썰어 차로 만든다.

언제부턴가 뽕잎이 몸에 좋다는 소문에 가지마다 파랗게 잎이 돋을 철이면 뽕나무 밭마다 너도나도 뽕잎을 따기에 바쁘다. 과거에는 누에의 먹이로나 쓰이던 뽕잎이 사람들이 돈을 주고 사서 먹는 귀한 약초로 변신한 것이다. 크고 작은 산 어디를 가나 야생 뽕나무 한두 그루 정도는 있지만, 요즘엔 버려진 뽕나무 밭이 많아서 과거 누에를 치던 곳에 가면 야생화된 뽕나무들을 어렵지 않게 만날 수 있다.

사람이 가꾸는 뽕나무는 보통 일 년에 두 번 가지치기를 해 준다. 나무 밑동에서부터 모든 가지를 다 잘라 주는 것인데, 그 자리에서 금세 가지들이 새로 자라

차를 만들어 처음으로 찻잔에 따라 마시는 일은 진정 가슴 떨리고 행복한 일이다.

고 그 가지를 타고 줄줄이 뽕잎이 돋는다. 사람이 가꾸는 것이건 야생의 것이건 뽕잎에는 특유의 벌레들이 기생하는데, 뽕나무에 사는 벌레는 특이하게도 날개부터 몸통까지 온몸의 색이 하얗다. 날개가 돋기 전에는 잎에 알처럼 작은 형태로 붙어 있어서 눈에도 잘 띄지 않는데, 손으로 문질러도 잘 떨어지지 않고 물로 씻어도 쉽게 씻기지 않는다. 뽕잎으로 차나 음식을 만들 때는 특히 이 부분에 신경을 많이 써야만 한다. 그렇게도 떨어지거나 씻기지 않던 벌레들이 차를 만들어 우려 마실라치면 그 순간 하얗게 물에 동동 뜨기 때문이다.

　뽕잎을 채취할 때부터 벌레들이 있는 잎은 철저하게 가려내는 게 좋다. 이름

있는 산 아래에 가면 더러 뽕잎 가루라고 초록색 가루를 수북이 쌓아놓고 판매하는 것을 볼 수 있다. 어떤 과정을 거쳐 가루를 내는지는 잘 모르겠으나 그렇게 가루 낸 뽕잎을 섞어 냉면이나 국수를 만들어 먹는다고 들었다.

뽕잎이 자라 쇠어지면 그 맛이 여린 잎일 때하고는 많이 다르다. 막 순이 돋아 잎이 작고 여릴 땐 자르거나 나누지 않은 채 그대로 차를 만들고, 잎이 다 자라 크고 억세지면 칼로 적당한 크기로 잘라서 차를 만든다.

어떤 차를 만들어서 처음으로 찻잔에 따라 마시는 일은 너무 가슴 떨리고 행복한 일이다. 찻잔 안에서 푸르게 돋아나는 뽕잎. 그 모양과 빛깔을 보는 일만으로도 벌써 나는 차의 맛을 다 보아 버린 듯하다. 이미 차는 다 식었지만 지금부터 마음은 참 따뜻해져 와서, 평소 자주 만나지 못했던 사람들까지 다 불러내고 싶어진다. 그 사람들 불러내어 고운 물에 봄꽃 가득 잠가 놓고, 하늘도 가득 잠가 놓고, 사랑도 가득가득 잠가 놓은 채, 맑은 차 한 잔씩 나누고 싶어진다.

 뽕잎차 만들기

이제 막 돋아난 새순은 통째로 따서 차를 만들고, 잎이 어느 정도 자란 것은 적당한 크기로 잘라 차로 만든다. 깨끗이 씻어 물기를 제거한 후 솥에 덖는 방식으로 차를 만든다. 너무 오래 덖으면 뽕잎의 색이 검게 변해 나중에 차로 마실 때 차의 색이 맑지 못하므로 주의한다. 찻잔에 잎 서너 조각을 먼저 넣고 뜨거운 물을 부은 후 2~3분 정도 우려 마신다.

효능

고혈압, 당뇨 등 각종 성인병과 감기에 좋다. 부은 몸을 가라앉혀 주고, 머리를 맑게 한다.

일부러 찾아야만 볼 수 있게 된 탱자나무

탱자꽃차

탱자나무에는 탱자나무에만 사는 벌레가 있다. 크기가 아주 크고 몸의 빛깔이 진
초록색인데, 큰 건 거의 어른의 손가락만하다. 크기가 좀 큰 편이어서 징그럽게 생
각되지만 자세히 보면 생김새가 참 순하다.

많이 바빴다. 벼르고 별러서 탱자꽃을 따러 갔더니 아니나 다를까 너무 늦어 버렸다. 누군가가 그 많던 탱자나무를 톱으로 다 잘라 버려서 잔뜩 기대했던 하얀 탱자꽃은 더 이상 피어 있지 않았다.

예전엔 흔하디 흔한 게 탱자나무였다. 울타리 삼아 빙 둘러 심어 놓으면 촘촘한 가시 때문에 근처에 강아지 한 마리 얼씬거리지 못했다. 지금은 그 자리를 벽돌이나 블록이 대신하고 있어서 일부러 찾으려 해도 탱자나무를 찾기가 쉬운 일이 아니다.

탱자나무는 5월이면 가시 사이를 비집고 하얀 꽃을 피운다. 탱자나무는 줄기도 잎도 아주 진한 초록색인데, 그 진초록의 나무에 새하얗게 핀 꽃잎을 상상해 보라. 생각하는 것만으로도 마음이 즐거워진다. 한창 꽃이 피어나는 이 시기에 꽃을 채취하여 다듬어 증기에 살짝 쪄 냈다가 말리면 그 자체로도 그럴듯한 차가 되지만, 전해에 미리 탱자를 따서 만들어 놓은 탱자청에 꽃잎 하나 동동 띄우면 여름철에 더할 나위 없이 훌륭한 음료가 된다.

예전 동네 어른들은 윷을 만들 때 꼭 탱자나무를 썼다. 웬만해서는 부러지지 않을 정도로 줄기가 단단하기도 했지만, 나무가 말라도 진초록 바탕에 하얗고 가느다란 줄무늬가 그대로 남아 있어서 나무의 초록색이 변해 가는 정도에 따라 그때그때 다른 멋이 느껴지곤 했다. 그리고 보면 윷놀이 하나를 하면서도 그 재료가 되는 나무에까지 세심한 신경을 썼다는 게 놀랍다. 나이 많은 형들은 탱자나무 줄기 중에 브이 자로 생긴 부분을 골라 잘라서 새총을 만들었다. 어렸을 적엔 탱자나무로 잘 만든 새총을 보면 얼마나 부러웠던지……

탱자꽃을 채취하거나 탱자 열매를 딸 때는 탱자나무 가시에 찔리거나 긁히지 않도록 주의한다.

이미 잘라서 바싹 마른 탱자나무 줄기에 말라비틀어진 하얀 꽃잎들이 보인다. 미안하고 안타깝다. 좀 더 일찍 왔더라면 꽃을 딸 수도 있었고, 나무를 베어내는 걸 보았더라면 어떻게 말려볼 수도 있었을 텐데 말이다. 이제 어느 곳에서 탱자나무를 또 찾을 수 있을지 모르겠다. 시골에 가면 더러 보이기도 할 것이지만, 개똥도 약에 쓰려면 없다는 말처럼 일부러 찾으면 잘 찾아지지 않는 법이다. 울타리 삼아 둘러선 탱자나무를 볼 수 있는 산골 마을은 어디 있을까? 하얗게 꽃이 핀 탱자나무. 이제는 일부러 찾아 헤매어야만 하는, 귀하디 귀한 나무가 되어 버렸다.

요즘 아이들은 그렇지 않은데 우리 어렸을 적에는 몸에 종기가 왜 그리도 많이 났는지, 숨기고 숨기다가 더 이상 숨길 수 없을 정도로 종기가 커지고 아파지면 그때서야 어머니에게 보였다. 그러면 어머니는 앞집 탱자나무 울타리에 가서 끝이 노랗게 변한 가시 하나를 따 오셔서는, 그 가시 끝을 머리에 몇 번 쓱쓱 문지른 후에 탱자나무 가시로 종기를 터뜨려 짜 주시곤 했었는데 지금은 어디 그런가? 아픈 아이나 지켜보는 엄마나 조금만 아파도 금세 병원으로 달려간다.

탱자나무에는 탱자나무에만 사는 벌레가 있다. 크기가 아주 크고 몸의 빛깔이 진초록색인데, 큰 건 거의 어른의 손가락만하다. 몸에 털은 없지만 행동이 굼뜨고 파란 탱자나무 이파리를 먹는다. 탱자나무와 벌레가 쉽게 구분이 가지 않아 탱자나무 줄기를 잡으려고 손을 잘못 뻗으면 이 벌레를 잡아 물컹한 느낌에 화들짝 놀라기 일쑤다. 크기가 좀 큰 편이어서 징그럽게 생각되지만 자세히 보면 생김새가 참 순하다. 탱자나무를 보았다면 알겠지만 탱자나무엔 가시가 참 촘촘하게 박혀 있다. 예전에 울타리를 보면 웬만한 울타리에는 다 개가 드나드는 구멍이 있었는데, 유일하게 그 구멍이 없는 울타리가 탱자나무 울타리였다. 가시가 워낙 촘촘해서 개마저도 감히 드나들지 못했던 거다. 그렇게 촘촘한 가시밭길을 그 굼뜬 몸뚱이로 살아가는 벌레라니, 가슴 한 편이 찡해 온다.

탱자꽃은 송이가 제법 크고 하얀 꽃잎에 수술의 색은 노란빛이다. 예로부터 가시 달린 나무에서 핀 꽃은 임산부들이 가까이 해서는 안 되는 꽃으로 여겼는데, 가시로 인하여 임산부의 몸이나 마음에 행여 상처라도 입을까 우려했기 때문이다. 그래서 탱자꽃차도 임산부는 마시지 않아야 되는 차로 알려져 있다. 비록

꽃잎이 예쁘고 차의 느낌이 좋다고 해도 행여 있을지 모르는 불상사를 미연에 방지하고자 하는 마음에서 비롯된 것이니 가급적이면 가리는 게 좋겠다.

탱자꽃을 따면서 잠시 딴생각을 하면 금세 가시에 찔려 손가락에 핏방울이 맺히는데, 화들짝 놀라는 와중에도 어쩌면 탱자나무가 나를 꾸짖고 있는 것은 아닐까 하는 생각이 들 때가 있다. 세상을 살면서 만만한 게 뭐가 있을까? 하다못해 꽃 한 송이를 따는 일도 이렇게 쉬운 일이 아니다. 잠시라도 집중하지 않고 정성을 들이지 않으면 여지없이 그 대가를 치르게 된다. 차를 만드는 일이 쉽지만은 않지만 오히려 그러하기에 차 만드는 일에 더 집중하고 더 정성을 기울이게 된다. 최소한 차를 만드는 그동안만큼은 다른 일체의 생각들도 다 사라져 버렸으면 좋겠다.

낮에 탱자나무에서 본 파란 벌레가 자꾸만 눈앞에 아른거린다. 그 거친 가시밭길을 온몸으로 기어나가면서도 벌레는 제가 지나온 길을 결코 탓하지 않았다.

TiP **탱자꽃차 만들기**

활짝 핀 꽃잎을 채취한다. 흐르는 물에 채취한 꽃잎을 깨끗이 씻은 후 물기를 말린다. 말린 꽃잎을 조리용 철망에 한 겹으로 깔아 살짝 쪄 낸 후 그늘에서 바싹 말린다. 찻잔에 뜨거운 물을 먼저 붓고 물 위에 꽃잎 두세 장을 얹어 약 2~3분 정도 우려 마신다.

효능

위장이 약한 사람에게 좋은 차로 위장에 찬 가스를 제거해 주고 소화 불량 증세에도 좋다.

찻잔 안에서 갓 피어나는 매화

매화차

바람 부는 날엔 매화차가 참 좋다. 찻잔 안에 머무는 향이 바람을 타고 방안을 가
득채운다. 매화차 한잔 마시고 나면 몸과 마음에 매화 향이 가득하다.

바람이 부는 봄날이었을까? 매화꽃을 따러 가는 길은 참 행복했다. 사람들은 일부러 먼 길 나서서 꽃구경을 가는데, 나는 작은 채반 하나 들고서 가까운 산으로 꽃구경을 간다. 처음 차를 배울 땐 꽃을 어디에서 구할지 몰라 밤에 아파트 단지에 있는 매화를 몰래 훔친 적도 많았다. 요즘엔 근처에 도와주시는 분들이 많아 여유 있는 땅에 나무며 이런저런 꽃들을 심도록 배려해 주고, 또 꼭 필요한 꽃이라면 일부러 먼 길도 마다하지 않기에 그때처럼 가슴 졸이며 꽃을 훔치는 일은 없다.

매화는 다른 많은 꽃 중에서도 그 향이 참 진하다. 근처에 한 그루만 있으면 멀리에서도 그 은은한 향을 느낄 수 있다. 꽃은 또 어떠한가. 예전부터 매화는 아름다운 꽃의 대명사로 꼽힌다. 송이는 작지만 그 작은 송이 속에 어쩌면 이렇게까지 아름다운 모습이 다 들어갈 수 있을까?

바람 부는 날엔 매화차가 참 좋다. 찻잔 안에 머무는 향이 바람을 타고 방안을 가득 채우는데, 생각하면 참 신기하다. 이렇게 작은 한두 송이 꽃잎에서 새어 나오는 향기가 어쩌면 이토록 넓은 방안을 제 냄새로 가득 채울 수 있는 것인지. 어디 그것뿐인가. 매화차 한잔 마시고 나면 몸과 마음에 매화 향이 가득하다. 온통 매화 향으로 가득 차서는 몇 날 며칠이고 사람을 즐겁고 행복하게 해 준다.

작은 주전자에 물을 올리고 찻잔을 닦고 매화꽃을 꺼내어 차를 우릴 준비를 하는 과정은 언제나 가슴이 설렌다. 끓은 물을 찻잔에 붓고 그 위에 매화꽃 두세 송이 넣으면 순간 매화 향이 온몸으로 전해져 오는데, 나는 이 순간이 참 좋다. 정작 매화차를 입으로 마시는 그 순간도 좋지만, 뜨거운 물에 매화꽃을 얹어 찻

찻잔 안에서 환하게 꽃 피어나는 매화. 이 순간 몸도 마음도 행복하다.

잔 안에서 갓 피어나는 매화를 지켜보는 그 순간이 나는 너무도 좋다.

　차를 만드는 사람이니 차는 원 없이 마시겠다고, 모르는 사람들은 그렇게 말
하지만 차를 만드는 것과 차를 마시는 것은 엄연히 다르다. 차를 만드는 일에 집
중하다 보면 그 차를 만들고 한참이 지나서야 비로소 여유를 가지고 맛과 향을
음미하는 경우가 잦다. 내가 만든 차라고 해서 내 마음대로 아무 때나 차를 마시
지는 못한다.

　오늘은 특별히 매화차를 꺼냈다. 은은하게 진동하던 매화 향이 점점 옅어지고
있다. 차가 서서히 식어가고 있다는 뜻이다. 차가 뜨거울 땐 그 향을 즐기고 차가

적당히 식으면 그 맛을 즐긴다. 입 안 구석구석 은근하게 파고드는 매화 향이 마음까지 여유롭고 행복하게 만들어 준다. 찻잔 안에 남은 꽃잎을 바라보는 건 애틋한 즐거움이다. 빈 찻잔에 엉긴 마지막 향이 눈으로 전해져 온다. 아, 욕심스럽게도 오늘 나는 매화 향을 닮은 사람이 되고 싶어진다. 스스로도 쑥스러워 입가에 웃음이 번지는 지극한 욕심. 이런저런 마음일랑 다 비워두고 그대여, 그냥 우리 이렇게 마주 앉아 환한 매화차나 같이 하자.

 매화차 만들기

갓 피어난 싱싱한 매화를 한 송이 한 송이 정성들여 채취한다. 꽃잎의 뒤쪽에 달라붙어 있는 터럭을 깨끗이 손질한 후 조리용 철망이나 채반에 한 송이씩 얹어 숨이 죽을 정도로 살짝 쪄 낸다. 한지나 채반에 넣어 그늘에서 바싹 말린다. 마르는 과정에서 꽃잎이 달라붙으면 나중에 꽃잎이 찢어져 상하게 되므로 마르는 과정에서 수시로 뒤적여 준다. 다 마른 꽃잎은 수분에 약하므로 밀폐용기에 담아 냉동 보관한다. 찻잔에 뜨거운 물을 붓고 그 위에 꽃잎 두세 장을 얹어 2~3분 정도 우려 마신다.

효능

갈증 해소, 숙취 제거에 좋다. 피부 미용에도 좋다.

매화꽃 진 자리에
찔레꽃 새로이 피어

매화가 곱게 자란 대갓집 규수 같다면, 찔레는 내리 아들만 열쯤 낳다가 끝으로 딸 하나 낳아 귀여움을 독차지하며 자란 여느 집 막내딸 같은, 참으로 친근한 느낌이 드는 꽃이다.

드디어 찔레꽃이 폈다. 일 년을 기다렸다. 마음속으로 찔레 하고 이름을 부르는 것만으로도 금세 입 안에 찔레꽃 향이 맴돈다. 단 한 번도 이 꽃을 본 적이 없는 사람이라면 모를까 그렇지 않다면 결코 잊을 수 없는 게 찔레꽃 향이다. 향으로 꽃을 말할 때 보통 찔레꽃은 매화와 많이 비교가 된다. 하지만 이 둘은 많이 다르다. 우선 매화나무는 활엽수고 찔레는 장미과의 덩굴식물로 매화나무에는 가시가 없지만 찔레나무에는 가시가 있다. 꽃잎은 둘 다 다섯 장이지만 개화 시기는 매화가 찔레꽃보다 한 달 정도 빠르다. 봄을 알리는 꽃의 대명사가 매화라면 여름을 알리는 꽃의 대명사는 찔레꽃인 셈이다.

매화나 찔레꽃 모두 꽃이 아름답고 향이 좋다는 공통점이 있지만 나름대로 저만의 독특한 개성이 있다. 꽃의 크기로 본다면 매화꽃이나 찔레꽃 모두 지름이 1센티미터 정도로 비슷하다. 매화는 꽃 자체에 특별한 해충이 꼬이는 걸 본 적이 없다. 하지만 찔레는 다르다. 장미과의 모든 꽃들이 대부분 그렇듯이 찔레꽃에도 진딧물 같은 해충이 많이 꼬인다. 얼핏 진딧물이 없는 것처럼 보이기도 하지만 꽃잎 아랫부분을 자세히 보면 줄기와 같은 색으로 위장한 진딧물이 많이 모여 있는 걸 발견하게 된다.

매화꽃은 보통 붉은색과 하얀색인데, 이는 찔레꽃도 마찬가지다. 매화나 찔레 모두 보기에는 붉은 빛의 꽃이 예뻐 보이지만, 차로 만들기에는 하얀색 꽃잎이 좋다. 붉은 꽃잎은 차로 만드는 과정에서 색이 변해 하얀 색처럼 맑은 빛깔을 내지 못한다는 단점이 있다.

사람에 따라서는 매화 향을 좋아하는 사람이 있을 것이고, 또 찔레 향을 좋아

매화는 늦은 겨울부터 몽우리를 맺는데, 몽우리가 맺혔을 때 큰 추위가 오면 맨 바깥쪽의 꽃잎이 얼어 후에 꽃잎이 기형으로 피어나는 원인이 된다.

하는 사람도 있을 것이다. 내 생각에는 두 꽃의 향 모두 저마다의 독특한 개성이 있다. 매화는 어딘지 모르게 귀족적인 냄새가 나는 꽃이다. 감히 함부로 할 수 없는 기품이 느껴진다. 그 향도 은은하여 강한 듯 약하고 약한 듯 강하다. 차로 만들어 한 모금 입 안에 품고 있으면 있는 듯 없는 듯 그 은은한 향으로 정신까지 맑아짐을 느끼게 된다.

반면에 찔레는 이름부터가 서민적이다. 금세 친밀감이 들고 다정한 느낌이 든다. 손이라도 뻗으면 반갑다고 노란 수술들이 얼른 꽃가루라도 묻혀 줄 것만 같

은 착각이 든다. 매화가 곱게 자란 대갓집 규수 같다면 찔레는 내리 아들만 열쯤 낳다가 끝으로 딸 하나 낳아 귀여움을 독차지하며 자란 여느 집 막내딸 같은 느낌이다.

이 특징들은 차로 만들어 마시는 과정에서도 그대로 드러난다. 매화는 인위적인 꾸밈 같은 건 애초에 필요가 없기에 가능하면 깨끗한 찻잔이 어울린다. 물도 맑은 물에 오로지 매화 하나면 족하다. 매화차에는 일체의 다른 어떤 것도 필요가 없다. 매화는 매화 그 자체로 있을 때만이 가장 어여쁘게 여겨진다. 하지만 찔레는 다르다. 찔레꽃만으로 차를 마셔도 좋지만 그렇게 차를 마시면 어딘지 모르게 허전하다. 찻잔도 투박한 찻잔이 어울려 보이고, 찔레꽃 하나보다는 그 안에 찔레 순과 어울려 있을 때 훨씬 더 돋보인다.

그래서 매화차는 매화가 피기만 하면 금세 만들어 즐길 수 있지만, 찔레꽃차는 그게 안 된다. 제대로 된 찔레꽃차를 마시려면 최소한 두 달은 기다리고, 정성을 들여야만 한다. 가장 적당한 시기의 찔레 순을 채취하여 일단 찔레 순으로 차를 만들어 놓고, 그런 다음에 꽃이 피기를 기다렸다가 찔레꽃으로 차를 만들어 두 가지가 한 찻잔 안에서 조화를 이루어야 비로소 찔레꽃차가 된다.

꼬박 일 년을 기다려 이제 찔레 철이 되었다. 이미 매화가 저만치 비켜선 자리다. 서로 경쟁하지 않고 매화 진 자리에 찔레꽃이 핀다는 게 얼마나 대견하고 어여쁜지 모르겠다. 매화는 매화대로 찔레는 찔레대로 그리운 사람 더욱 그리워지게끔 만들어 버리는 꽃. 해마다 봄꽃이 피어나는 이맘때면 그래서 먼저 나는 가슴이 설레어 온다.

생각만으로도 향에 취하다

찔레꽃차

하얀색 찔레는 순결하고 청결해 보인다. 붉은빛이 도는 찔레는 고상하고 기품이 있어 보인다. 어느 색의 꽃잎을 따든지 꽃의 수술만큼은 반드시 샛노란 빛깔을 띠는 것으로 따야만 한다. 수술의 빛깔이 샛노라면 샛노랄수록 꽃의 향기가 짙다.

가는 곳마다 온통 찔레 향이다. 꽃 한 송이 전혀 피어 있을 성 싶지 않은 곳인데도 차창을 열면 어느새 은은한 꽃의 향기가 밀려든다. 아까시꽃과 피는 시기가 같아 꽃 향도 섞여 들어오기 십상이지만 조금만 주의를 기울이면 아까시꽃과 찔레꽃 향은 확연히 달라 쉽게 구분할 수 있다.

찔레는 여린 순에서부터 줄기, 꽃, 뿌리까지 온통 여성들에게 좋은 약재로 쓰이는 것으로 알려져 있다. 특히 산후조리를 잘 못하여 그 후유증으로 고생하는 여성들에게 찔레는 좋은 약재라고 한다. 하지만 아무리 좋은 약이라 해도 먹기에 까다롭고 매번 스스로 챙겨 먹어야 한다면 아무래도 쉽게 손이 가지 않게 된다. 차를 약에 비교하여 마실 수는 없겠지만, 가까이 준비해 놓고 수시로 즐겨 마신다면 약에는 비할 수 없어도 분명 좋은 효과는 기대할 수 있지 않겠는가.

찔레 순은 보통 새로 돋아난 순에 가시가 돋기 전에 채취한다. 잘 씻어 솥에 덖어 그늘에 말려 두었다가 그 자체만을 차로 마셔도 좋고 아니면 꽃이 피기를 기다려 꽃잎으로 차를 만들어 같이 우려 마시면 찔레꽃 특유의 향과 어울려 느낌이 더 좋아진다.

지역에 따라 약간의 차이는 있으나 찔레는 보통 5월 초부터 중순에 꽃을 피운다. 장미과의 다른 꽃들처럼 진딧물이 많다는 것이 흠이지만, 모양과 향이 아름다워 집 안의 정원에 심어도 손색이 없다. 꽃잎은 보통 한 달 가량 피고 지기를 반복하는데 그중 차로 만들기에 가장 적당한 꽃잎은 하루나 이틀을 넘기지 못한다. 멀리서 보기에는 항시 그 꽃이 그 꽃처럼 보이지만, 가까이서 보면 대부분의 꽃잎이 차로 만들기에 너무 이르거나 아니면 너무 늦다.

덖음 방식으로 차를 만들 때는 한꺼번에 너무 많은 양을 덖으려 하지 말고 적은 양을 여러 번에 나누어 덖는 게 좋다.

줄기에는 가시가 많아 꽃잎을 채취할 때 특히 조심해야 하는데 자칫 가시에 긁혀 손에 심한 상처를 입을 수도 있다. 꽃잎을 따는 과정에서 이미 시든 꽃은 자연스레 꽃잎이 떨어지게 되는데, 이렇게 꽃잎이 지는 꽃송이나 미처 몽우리를 열지 않은 꽃잎은 채취하지 않는 게 좋다. 욕심껏 많은 양의 꽃을 따는 것보다는 그날 차로 만들 수 있는 적당한 양의 꽃송이를 채취하는 게 좋고, 한 나무에서 무리해서 많은 양의 꽃송이를 따는 것도 옳지 않다. 특히 꽃으로 만드는 차는 물로 씻거나 할 수 없기 때문에 먼지 같은 이물질이 없는 깨끗한 곳에서 채취하는 게 중요하다.

하얀색 찔레는 순결하고 청결해 보인다. 붉은빛이 도는 찔레는 고상하고 기품이 있어 보인다. 어느 색의 꽃잎을 따든지 꽃의 수술만큼은 반드시 샛노란 빛깔을 띠는 것으로 따야만 한다. 수술의 빛깔이 샛노라면 샛노랄수록 꽃의 향기가 짙다. 꽃가루가 다 날아가 없거나 수술의 빛깔이 변하기 시작하여 희거나 검은빛을 띠는 꽃으로 차를 만들면, 우선 꽃잎의 색이 예쁘지 않을 뿐만 아니라 우러나는 향도 훨씬 덜하다.

비가 내리면 찔레는 꽃잎을 닫는다. 제가 아무리 매혹적인 향기를 내뿜는다 해도 비가 내리는 날엔 벌이나 나비가 저를 찾아오지 않을 거라는 것을 찔레는 본능으로 이미 알고 있다. 비 오는 날 꽃잎을 닫고 있는 찔레를 처음 보는 사람이라면 이제 막 꽃잎을 피우려고 몽우리를 맺고 있는 것으로 착각하기 쉽다. 너무 이른 아침이나 늦은 밤에도 꽃잎을 닫아 버리기 때문에 어느 게 싱싱한 꽃잎인지 구분하기 어려워 괜히 꽃송이만 낭비하는 경우가 많으니 되도록이면 햇볕이 좋은 오전 시간대에 채취하는 게 좋다.

행여 꽃잎이 상하는 일이 생기면 안 되니 꽃잎을 딸 때는 작은 채반을 준비한다. 시간이 걸리고 힘이 들더라도 꽃잎은 꼭 한 송이 한 송이를 양손으로 붙잡아 하나하나 따야 한다. 조금 빨리 하려고 급한 마음에 줄기째 꺾어 꽃을 따는 것은 옳지 않다. 나무는 일 년을 참고 기다렸다가 봄에 단 한 번 꽃을 피운다. 나무를 가지째 꺾거나 통째로 자르는 행위는 나무에게나 사람에게나 도움이 되지 않는다. 꽃을 채취할 때는 무엇보다도 꽃에 대한 고맙고 감사한 마음을 잊어서는 안 된다. 꽃과 자연에 감사하는 기본적인 마음이 없이는 좋은 차를 만들 수 없다.

잘 다듬은 꽃잎을 하나하나 펴서 솥에 살짝 쪄 낸 후에 그늘에서 2~3일간 말리면 찔레꽃차가 만들어진다. 하루 찔레꽃으로 차를 만들고 나면 내 안에서 찔레 향이 열흘은 난다. 마치 오래전부터 내 안에 덩굴을 이루며 자라는 찔레나무가 있어서 해마다 봄이면 환하게 꽃이라도 피우는 것처럼, 눈을 감아도 숨을 내쉬어도 찔레 향이 느껴진다.

작은 찻잔에 한 송이만 넣어도 차를 마시는 내내 입 안에 찔레 향이 은은하게

TiP 찔레꽃차 만들기

찔레순은 줄기에서 약 1~2센티미터 정도 올라온 새순을 채취한다. 순에 가시가 돋기 시작하면 더 이상 찔레 순으로는 차를 만들지 못한다. 채취한 찔레 순을 깨끗이 손질하여 솥에 덖어 그늘에서 바싹 말린다. 찔레꽃은 꽃술을 보아서 꽃술의 색깔이 샛노란 것으로 채취한다. 꽃받침 부분에 진딧물 등 벌레들이 많이 꼬이므로 꽃받침을 제거한 후 쪄서 그늘에서 바싹 말린다. 말린 꽃잎은 밀폐용기에 담아 냉동 보관한다. 찻잔에 마른 찔레 순을 먼저 넣은 후 뜨거운 물을 붓고, 그 위에 꽃잎을 띄워 약 2~3분 동안 우려 마신다.

효능
당뇨에 좋고, 소변의 흐름을 편안하게 한다.

퍼지게 되는데, 취향에 따라 양을 조절해 마시면 된다. 특별히 그 모양이 예쁘고 향이 좋아서 매화차와 더불어 찔레꽃차는 야생꽃차의 대표라 할 수 있을 정도로 누구나 좋아하는 꽃차다. 잘 보관해 두었다가 은은한 향이 그리워질 때마다 한 잔씩 타 마시는 찔레꽃차는 그야말로 사람의 몸과 마음을 두루 행복하게 만들어 준다. 구태여 눈으로 꽃을 보지 않고 생각만으로도 향에 취하는 차, 그 차가 바로 찔레꽃차다.

열흘 붉은 꽃 없다

꽃들은 근 한 달여를 계속해서 피어 있는 것 같아도 막상 가까이에 가 보면 차로
만들기에 적당하게 절정에 이르러 있는 꽃은 그리 많지가 않다.

열흘 붉은 꽃 없다

이산하

한 번에 다 필 수도 없겠지만

한 번에 다 붉을 수도 없겠지

피고지는 것이 어느 날, 문득

득음의 경지에 이른

물방울 속의 먼지처럼

보이다가도 안 보이지

한 번 붉은 잎들

두 번 붉지 않을 꽃들

너희들은 어찌하여

바라보는 눈의 깊이와

받아들이는 마음의 넓이도 없이

다만, 피었으므로 지는가

제 무늬 고운 줄 모르고

제 빛깔 고유한 줄 모르면

차라리 피지나 말지

차라리 붉지나 말지

어쩌자고

깊어가는 먼지의 심연처럼

푸른 상처만 어루만지나

어쩌자고

뒤돌아볼 힘도 없이

그 먼지의 무늬만 세느냐

꽃들은 근 한 달여를 계속해서 피어 있는 것 같아도 막상 가까이 가 보면 차로 만들기 적당하게 절정에 이르러 있는 꽃은 그리 많지 않다. 이미 지기 시작한 꽃과 아직 피어나지 않은 꽃, 그 사이에서 이제 막 절정에 이르러 있는 꽃잎이 서로 어울려 멀리서 보기에는 하나의 장관을 이루지만 실제는 꼭 그렇지만도 않은 것이다.

화무십일홍(花無十日紅)이라고 했다. 가끔 신문이나 방송에서 권력의 무상함에 빗대어 쓰이기도 하는 말인데 열흘 붉은 꽃 없다는 이 말은 차를 만들고 차의 재료를 채취하는 그 과정에 있어서만큼은 과연 꼭 명심해야 할 틀림이 없는 말이다.

데치다, 찌다, 덖다

야생초차는 그때그때 경험으로 터득하여 자신만의 노하우를 쌓는 게 중요하다.
어느 한 가지 방식에 연연하지 말고 이런저런 방법을 시도해 보아 자신의 입맛에
가장 좋은 차를 찾는다.

야생초를 채취해서 차를 만드는 방법은 실로 다양하다. 어느 종류의 야생초에는 어떤 방법으로 차를 만드는 게 정석이라고 딱히 정해서 말할 수는 없겠으나, 특별한 경우가 아니면 세 가지 정도의 방법으로 차를 만드는 것이 보통이다. 데치고 찌고 덖고. 이 세 가지를 기본으로 해서 대부분의 야생초차가 만들어진다.

데쳐서 만들 수 있는 대표적인 것으로 냉이차, 쑥차, 산국차 등이 있다. 데친다는 말은 무엇을 삶는다는 말과는 다르다. 삶는 것이 재료를 물에 넣고 팔팔 끓여 익히는 것이라면, 데치는 것은 재료를 끓는 물에 넣어 살짝 익혀 내는 것인데, 재료의 순을 살짝 죽이는 정도로 받아들이면 된다.

재료를 데쳐서 차를 만들 때는 반드시 물을 먼저 끓였다가 끓는 물에 재료를 넣어야 하고, 장시간 끓는 물 안에 넣어 두지 않은 채 재료를 곧바로 꺼내어 찬물로 한번 열기를 식혀 주어야 한다. 그렇지 않으면 설령 끓는 물에서 재료를 꺼냈다고 해도 남아 있는 뜨거운 열기 때문에 재료가 너무 익어 버리는 경우가 생기게 된다.

꽃을 재료로 해서 만드는 차의 대부분은 증기에 꽃잎을 쪄 내는 방법으로 차를 만든다. 매화차나 찔레꽃차, 달개비꽃차 등이 이런 방법으로 만들어진다. 흔히 찐다고 하면 솥에 쪄 먹는 감자나 고구마 등을 생각하여 꽃잎도 그렇게 찌는 것으로 생각하기 쉬운데, 감자나 고구마에 비해 꽃잎은 지극히 여려서 만일 그런 방식으로 꽃잎을 쪄 내면 차로 만들 수 있는 꽃잎은 단 한 장도 남아 있지 않게 된다.

꽃잎을 찌기 위해서는 작은 냄비와 냄비 크기에 알맞은 조리용 철망이 필요하

찔레꽃 덖기 · 달개비 잎 데치기 · 왕원추리 꽃잎 찌기

다. 조리용 철망에 꽃잎들이 서로 겹쳐지지 않게 하나하나 펴 놓고 물이 끓을 때 통째로 김을 쏘이는데, 반드시 냄비의 뚜껑을 닫아야 하고 꽃잎이 다 쪄질 때까지는 도중에 뚜껑을 열지 말아야 한다. 만일 도중에 뚜껑을 열면 꽃잎이 마르는 과정에서 색이 변해 제대로 된 꽃차를 감상할 수 없게 된다. 꽃잎의 상태에 따라 다르지만 보통은 끓는 물에 조리용 철망을 걸쳐 냄비 뚜껑을 닫은 후 1~2분 정도면 꽃잎이 쪄진다. 육안으로 봐서 꽃잎의 순이 죽고 꽃잎에 약간의 수증기가 맺혀 있는 정도면 적당하다.

　꽃잎을 쪄 낼 때도 그렇지만 쪄 낸 꽃잎을 말릴 때에도 나무핀셋 같은 걸 이용해 하나하나 들어가며 소중히 다루어야만 한다. 쪄 낸 꽃잎은 깨끗한 한지에 널어 말리는 게 좋고, 마르는 도중에 수시로 뒤적여 주어 꽃잎이 한지에 달라붙어 상하는 일이 없도록 각별히 신경을 써야 한다.

끝으로 차의 재료를 덖는 방법이 있는데, 야생초로 차를 만드는 방법 중 가장 널리 쓰인다. 덖는 것은 볶는 것과는 약간 다르다. 볶는 것이 재료에 열을 가하여 약간 탄다 싶을 정도로 속까지 깊이 익히는 것이라면 덖는 것은 재료에 열을 가하여 익히기는 하되 재료가 타거나 너무 익지 않을 정도로 살짝 볶는 것을 말한다. 찔레 순이나 질경이, 뽕잎과 같이 잎으로 만드는 차의 대부분이 이 방법으로 만들어진다.

잎에 수분이 많은 재료들을 솥에 덖다 보면 잎에서 나온 물 때문에 촉촉하게 되기도 하는데, 그렇다고 해서 물기가 마를 때까지 덖는 과정을 계속해서는 안 되고 재료가 어느 정도 익었다 싶으면 빨리 꺼내어 한지나 채반에 넣어 부채나 선풍기로 뜨거운 열기를 식혀 주는 게 좋다. 덖은 재료를 말릴 때도 덩어리째 널어 말리지 말고 잔손이 많이 가더라도 재료를 하나하나 나누어 펼쳐 말리는 게 좋다. 그렇게 말려야만 나중에 차로 마실 때 모양새가 예쁘게 나올 뿐만 아니라 보관 중에도 쉽게 차가 변질되는 것을 예방할 수 있다.

야생초차는 보통 이 세 가지 방법으로 만들게 되는데, 재료에 따라 어느 정도 차이가 있을 수 있으므로 꼭 어느 것이 정답이라 할 수는 없고 그때 그때 경험으로 터득하여 자신만의 노하우를 쌓는 게 중요하다. 어느 한 가지 방식에 연연하지 말고, 이런저런 방법을 시도해 보아 자신의 입맛에 가장 좋은 차를 찾아 만들어 마시는 것도 좋은 방법이다.

속을 따뜻하게 하는 신비스런 풀

쑥차

보통은 5월 단오 무렵의 쑥이 약효 면에서는 가장 좋다고 하는데, 차를 만드는 쑥
은 너무 늦어 쇤 것만 아니라면 특별히 시기를 가릴 필요는 없다. 이른 봄에 이제
막 땅을 뚫고 돋아나는 쑥을 나는 가장 좋아한다.

각종 식물로 차를 만들다 보면 이 식물이 우리 몸의 어디에 좋으냐고 묻는 사람들이 많다. 이런저런 서적을 뒤적이거나 인터넷을 검색해 보면 어디어디에 좋다고 말 몇 마디 못 해줄 것도 아니나 그런 질문을 받으면 대부분 그냥 나는 웃고 만다.

야생초차를 다루는 어떤 책들을 보면 이 차는 어디어디에 좋다는 식으로 마치 차가 약이라도 되는 양 써 놓은 걸 보게 된다. 하지만 차는 약이 아니다. 물론 어떤 종류의 야생초차가 그 원재료가 가지고 있는 성분에 따라서 사람이 앓고 있는 어떤 질환에 특별히 좋은 효력을 보일 수는 있다. 그러나 그것은 차를 마시고 즐기면서 얻는 부수적인 것이지 차를 마시는 목적이 치료를 요하는 것이 되어서는 안 된다. 몸이 아프면 당연히 병원에 가야 한다. 그것만큼 정확하고 빠른 진단과 쾌유의 방법은 없다.

야생초차로 만들 수 있는 재료들을 보면 사실 우리 주변에서 너무도 가까이 접할 수 있는 것들이 대부분이어서 과연 이런 것으로도 차를 만들어 먹을 수 있나 싶은 것들도 많은데, 그런 것들을 이용하여 차를 만들고 나면 이렇게 훌륭한 차가 될 수 있다는 것에 놀라게 된다.

해마다 쑥으로 차를 만들다 보면 특별한 이유도 없이 이 식물에게는 참으로 정이 간다. 보통 5월 단오 무렵의 쑥이 약효 면에서는 가장 좋다고 하는데, 차를 만드는 쑥은 너무 늦어 쉰 것만 아니라면 특별히 시기를 가릴 필요는 없다. 이른 봄에 이제 막 땅을 뚫고 돋아나는 쑥을 나는 가장 좋아한다. 쑥은 잎을 뜯는 즉시 순이 죽는 식물이어서 아무리 많은 양을 채취해도 바구니를 보면 늘 그대로인 것처럼 보이지만 물로 씻을 때 보면 다시 순이 살아나 그 양이 엄청나게 많아져 사

다소 힘들고 시간이 걸리더라도 적당한 양의 쑥잎을 손으로 추려 차 한 잔으로 우리기에 좋을 양만큼 돌돌 말아 말리는 게 좋다.

람을 당황시키곤 한다.

쑥은 겨울 내내 땅 속에서 숨을 죽이고 있다가 봄이 오면 땅을 뚫고 돋아나는 식물이기에 잎에 먼지나 터럭 같은 것들이 많이 달라붙어 있으므로 깨끗이 씻는 게 중요하다. 차로 만들 때는 깨끗이 씻어 다듬은 쑥을 끓는 물에 살짝 데쳐 건졌다가 말리면 되는데, 잎을 펴서 말리게 되면 나중에 잎이 서로 다 달라붙어 차를 우릴 때 불편하다. 다소 힘들고 시간이 걸리더라도 적당한 양의 쑥잎을 손으로 추려 차 한잔으로 우리기에 좋을 양만큼 돌돌 말아 말리는 게 좋다. 그렇게 하면 보기에도 좋을뿐더러 부피가 줄어들어 보관하기에도 좋다.

쑥은 속을 따뜻하게 하는 대표적인 식물이라고 한다. 단군신화에 보면 환웅을 찾아와 사람이 되기를 청하는 곰과 호랑이에게 환웅이 동굴 속에서 백 일 동안 햇빛을 보지 말고 먹으라며 내주는 음식이 마늘과 쑥이다. 그만큼 우리 민족과는 오랜 세월을 함께 해 온 친숙한 식물이면서 동시에 신비스런 약효를 지닌 식물로 여겨져 왔다. 쑥은 차를 우리면 진한 녹색으로 우러나는데 은근하게 우러난 쑥의 향이 입 안을 개운하게 해 주고 차를 다 마신 다음에도 쑥 향이 한동안 입 안에 남아 사람의 기분을 차분하게 가라앉혀 준다.

이른 봄날에 온 가족이 도시락 몇 개쯤 싸 들고 가까운 들로 소풍 삼아 나들이라도 가자. 나들이 삼아 나선 길에 오순도순 둘러앉아 이야기꽃을 피우며 뜯는 쑥은 그 자체만으로도 신비한 약효 이상의 것을 느끼게 해 줄 것이다.

Tip 쑥차 만들기

이제 막 싹이 나는 새순과 어느 정도 자란 잎 모두를 채취하여 차로 만든다. 채취한 쑥을 깨끗이 손질하여 뜨거운 물에 살짝 데치거나, 깨끗이 씻어 물기를 말린 후 덖어 그늘에서 바싹 말려 차로 만든다. 찻잔 하나에 말린 쑥 하나를 넣어 우릴 수 있도록 적당한 양을 손질하여 말리면 차로 우려 마실 때 편리하다.

효능
몸을 따뜻하게 하여 생리불순이나 자궁출혈 등에 좋고, 복통에도 좋은 효과를 보인다.

척박한 땅에서도 싹을 틔우는 민들레

민들레차

민들레의 꽃말은 감사하는 마음이다. 이른 봄에 온 들녘을 가득 채운 민들레꽃을
보면 정말 무엇에겐가 저절로 감사하고 싶은 마음이 생겨난다.

봄이면 온 들판을 노랗게 물들이는 꽃이 있다. 아직 키 큰 식물들이 자라나기 전에 먼저 싹을 틔워 꽃까지 피워 내는 식물. 가만히 쪼그려 앉아 이 꽃을 보노라면 꽃들도 정말 바쁘겠구나, 라는 생각이 저절로 든다.

민들레의 꽃말은 감사하는 마음이다. 이른 봄에 온 들녘을 가득 채운 민들레꽃을 보면 정말 무엇에겐가 저절로 감사하고 싶은 마음이 생겨난다.

요즘 우리가 흔히 보는 노란 꽃을 피우는 민들레는 대부분이 서양민들레다. 민들레도 서양민들레가 있고 토종민들레가 있다는 사실을 알고 있는 사람은 그리 많지 않은 것 같다. 하지만 서양민들레와 토종민들레는 꽃의 모양을 보면 확연히 구분이 간다. 서양민들레는 꽃 이파리의 크기가 작고 꽃이 활짝 피면 꽃잎이 뒤로 되바라진다. 하지만 토종민들레는 꽃 이파리의 크기가 상대적으로 커서 시원시원한 느낌을 주고 꽃이 활짝 피어도 꽃잎이 뒤로 되바라지지 않는다. 서양민들레는 꽃잎을 감싸고 있는 꽃잎 뒷부분의 총포편이 뒤로 되바라져 있는데 반해, 토종민들레는 오히려 꽃잎을 감싸고 있어서 꽃이 활짝 피어도 안쪽으로 감싸는 모양새를 유지하게 되는 것이다.

꽃의 색깔도 서양민들레는 진한 노랑이 대부분인 반면 토종민들레는 연한 노랑이나 흰색의 꽃을 피운다. 점점 토종민들레가 사라지고 서양민들레가 그 자리를 대신하는 경향이 뚜렷해지고 있는데 이는 서양민들레와 토종민들레의 특성상 어쩔 수 없는 것이라고 한다.

하나의 송이에서 만들어지는 홀씨의 갯수가 서양민들레가 토종민들레에 비해 훨씬 많고 또 홀씨의 무게도 가벼워 그만큼 멀리 날아갈 수 있다고 한다. 도심을

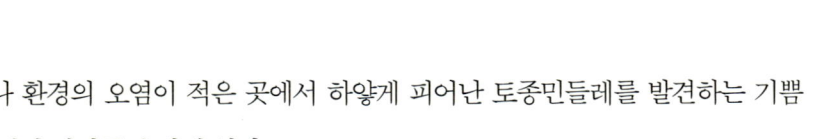

벗어나 환경의 오염이 적은 곳에서 하얗게 피어난 토종민들레를 발견하는 기쁨
은 그래서 남다를 수밖에 없다.

　민들레는 언제 새순이 돋았나 싶게 꽃을 피우는 식물이다. 도심 속에서도 아
스팔트 한가운데나 벽 틈새에서 꽃을 피운 민들레를 본 적이 있을 것이다. 그만
큼 척박한 땅에서도 조금만 빈틈이 보이면 아무렇지도 않게 뿌리를 내리고 싹을
틔워 꽃을 피운다. 작은 고추가 맵다고 했던가. 키가 작다고 해서 뿌리까지 얕봐
서는 큰코다친다. 민들레 뿌리를 캐려면 작은 곡괭이 하나는 필수일 정도로 그
뿌리가 깊다. 더군다나 민들레는 다른 풀들과 서로 섞여 척박한 곳에서 잘 자라
므로 뿌리를 캐기가 여간 어려운 일이 아니다.

　민들레 뿌리는 깨끗이 씻어 말려서 볶은 후 갈아서 차로 마시고, 여린 잎만 따
로 골라 씻어서 적당한 크기로 잘라 끓는 물에 데쳐 말려 두었다가 민들레잎차로

TiP ☕ **민들레차 만들기**

뿌리는 채취하여 깨끗이 씻은 후 그늘에서 바싹 말린다. 말린 뿌리를 작은 크기로 잘라 프
라이팬에 볶아 우려 마시거나, 볶은 뿌리를 가루 내어 뜨거운 물에 타서 마신다. 잎으로
차를 만들 땐 민들레의 여린 잎을 채취하여 깨끗이 손질한 후 적당한 크기로 잘라 끓는 물
에 살짝 데친다. 데친 잎을 찬물로 헹구어 그늘에서 바싹 말린다. 찻잔에 말린 잎 서너 조
각을 넣고 뜨거운 물을 부어 약 2~3분 정도 우려 마신다.

효능

위장을 튼튼하게 하고 피를 맑게 하며, 열을 내리고 변비에도 좋은 효과를 보인다.

마시는데, 풋풋하게 느껴지는 풀내가 봄날의 정취를 느끼게 하고 연한 초록으로 우러나는 차의 빛깔도 사람의 마음을 참 싱그럽게 한다.

산이나 들에 가서 민들레 홀씨를 만나면 아이들과 함께 민들레 홀씨 날리기를 한다. 줄기째 따서는 축구공처럼 동그랗게 매달려 있는 홀씨를 향해 입김을 불면 하얀 민들레 홀씨들이 일시에 허공을 향해 날아간다. 그때마다 마음속으로 기원하는 아이들과 나의 바람은 제각각이지만, 부디 편안한 곳에 내려앉아 내년 봄에 꽃으로 피어서 다시 만날 수 있기를 바라는 마음만은 한결같을 것이다.

날것으로 먹어도 좋아라

아까시꽃차

피었는가 싶으면 어느새 지고 있다. 지천에 널린 것 같던 아까시꽃도 어느새 거의
지고 있다. 하긴, 저라고 바쁘지 않을까? 지켜보는 사람의 마음이나 한가한 것이
지, 그것이 무엇이건 중심에 서면 누구라도 바쁜 것이다.

피었는가 싶으면 어느새 지고 있다. 지천에 널린 것 같던 아까시꽃도 어느새 거의 지고 있다. 하긴, 저라고 바쁘지 않을까? 지켜보는 사람의 마음이나 한가한 것이지, 그것이 무엇이건 중심에 서면 누구라도 바쁜 것이다.

멀리서 아까시꽃을 보면 키 작은 나무에 주렁주렁 온통 꽃잎이 열린 것 같지만, 막상 나무 근처에 가면 꽃을 따기가 결코 만만치 않다. 산에 있는 아까시나무는 사람 키의 몇 갑절로 큰 게 대부분이고, 꽃도 가지 끝에 매달려 있어서 도구가 없이는 딸 수도 없다. 더군다나 나무는 온몸을 날카로운 가시로 무장하고 있어서 함부로 나무를 타고 올라가기도 쉽지 않다. 하지만 하얗게 피어나는 향기만큼은 참으로 매혹적이어서 차마 그대로 포기하고 발길을 돌려 산을 내려올 수도 없다.

꽃잎은 송이째 따서 다듬어 차를 만드는데, 송이에서 하나하나 꽃잎을 떼어 오로지 하얀 꽃잎만으로 차를 만든다. 꽃잎이 작기 때문에 말려서 차를 만들기보다는 꽃과 설탕을 일대일의 비율로 해 용기에 재워 두었다가 보름에서 한 달 정도 지난 후에 설탕이 다 녹으면 물에 희석하여 마신다. 봄에 만들어 두었다가 여름철에 시원하게 냉음료로 만들어 마셔도 좋은데 은근한 향이 몸의 피로를 풀어 준다.

아까시꽃은 많은 양의 꽃잎을 딴 것 같아도 막상 다듬어 놓고 나면 얼마 되지 않는다. 수시로 조금씩 따서 그때그때 작은 용기에 재워 두는 게 좋다. 아까시꽃잎은 날것으로 먹을 수도 있어서 깨끗한 곳에서 채취한 것이라면 그 자리에서 간단한 요깃거리가 되기도 하는데 향이 좋고 맛은 달다.

집에서 학교를 오가는 길가에 줄지어 아까시나무가 있었다. 지금 생각해보면 아까시 나뭇잎의 수는 일정해서 어떤 걸 먼저 선택하느냐에 따라 결과는 늘 같았을 텐데도, 잎을 하나씩 떼어 내며 마지막 잎이 남은 사람이 가방을 들어 주기로 동무들과 내기를 했던 기억이 난다. 자라서는 마음에 둔 사람을 기다릴 때 잎을 하나씩 떼어 내며 올지 안 올지를 점치기도 했는데 요즘 아이들에게 아까시잎을 떼며 마음속의 생각을 점쳐 보라고 하면 글쎄, 과연 뭐라고 말할까?

아까시꽃차는 아이들도 아주 좋아하여 잘 마신다. 단맛이 강하므로 너무 많이 마시지는 않는 게 좋고 하루에 한두 잔 정도면 적당하다.

TiP 아까시꽃차 만들기

시들지 않은 싱싱한 꽃을 송이째 채취하여, 꽃송이에서 꽃잎을 하나하나 딴다. 물로 깨끗이 씻어 물기를 제거한 후 설탕과 꽃잎을 일대일의 비율로 용기에 재운다. 설탕이 꽃잎에 잘 스며들 수 있도록 나무주걱으로 골고루 잘 저어 준다. 찻잔에 적당량을 담아 뜨거운 물을 부어 우린 후 꽃잎은 건져 내고 차만 마신다. 여름철, 물에 희석하여 차게 만들었다가 냉음료로 마셔도 좋다.

효능
신장에 좋고 감기로 인한 기침이나 기관지염에도 좋다. 피로 회복에 좋다.

꽃 핀 때죽나무 찾아가는 길

때죽나무꽃차

올라간 산길을 더듬어 내려오는 길은 한결 여유가 있어서 좋다. 초록으로 물든 산
야민큼이나 초록으로 물든 눈과 마음. 그 초록의 눈과 마음으로 바라보고 생각하
는 세상사는 언제나 그렇듯 참 어여뻐 보인다.

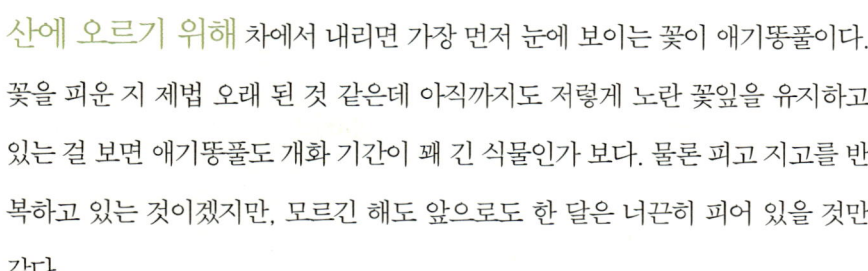

산에 오르기 위해 차에서 내리면 가장 먼저 눈에 보이는 꽃이 애기똥풀이다. 꽃을 피운 지 제법 오래 된 것 같은데 아직까지도 저렇게 노란 꽃잎을 유지하고 있는 걸 보면 애기똥풀도 개화 기간이 꽤 긴 식물인가 보다. 물론 피고 지고를 반복하고 있는 것이겠지만, 모르긴 해도 앞으로도 한 달은 너끈히 피어 있을 것만 같다.

차가 들어가지 못하게 쳐 놓은 쇠줄을 넘어 걸음을 몇 발짝 옮기자 이번엔 수풀 속에서 얼굴이 벌개진 뱀딸기라는 놈이 수줍게 고개를 내민다. 너무 새빨개서 이걸 그냥 빨강색의 뱀딸기라고 부르기엔 어딘가 한참 부족해 보인다. 딸기과의 열매는 그 종류가 참 많다. 그만큼 이름도 여러 가지인데 어째서 유독 이 딸기 앞에는 '뱀' 자를 붙여 뱀딸기라고 부르게 되었을까? 사람이 먹을 수 없는 딸기여서 그런 건지, 아니면 자라는 곳의 환경이 뱀이 좋아하는 환경과 일치하여 뱀이 자주 드나들기에 이런 이름이 붙게 된 것인지 자세히는 모르겠으나, 어쩌면 저렇듯 붉은 열매의 색과도 어떤 연관이 있지 않을까 하는 생각이 든다. 초록의 이파리 속으로 얼핏 드러나는 섬뜩하도록 새빨간 저 열매. 어쩌면 맨 처음 뱀딸기라는 이름을 붙여 준 사람들은 그 색깔에 지레 질려 버렸던 것은 아닐까?

뱀딸기 숲을 지나자 이번엔 클로버 밭이 나타난다. 이제는 줄기마다 온통 하얗게 '시계꽃'을 피우고 진초록으로 빛나는 저 이파리들. 클로버 잎으로 차를 만들면 하얀 찻잔 안에서 푸르게 돋아나는 그 세 개의 이파리가 얼마나 어여쁜지 모른다. 맛은 풀내가 조금 나는 것을 빼면 밋밋하지만 색은 초록으로 우러나고 무엇보다도 찻잔 안에서 피어나는 이파리의 모양이 너무도 앙증맞다. 세 잎 클로버의 꽃말은 행복이다. 클로버 잎으로 차를 만들면 꽃말처럼 아주 근사한 행복차가 되는데, 눈으로 쓰다듬고 손길 한번 주는 걸로 아쉬움을 달래본다.

클로버 사이사이로 여린 질경이 잎이 보이다가 어느 순간부터는 산길이 온통 크고 작은 질경이 밭으로 변해 있다. 질경이는 줄기가 질겨서 얼핏 여러 보이는 잎도 손으로 뜯으려면 한참 애를 먹어야만 한다. 사람이나 짐승이 발로 짓밟아 주어야 오히려 더 잘 자라는 아픈 식물. 모든 식물마다 생존에 필요한 재능 한가지씩은 있기 마련인데 하필이면 질경이는 사람의 발 아래 짓밟히는 모진 선택을 하여 그 악조건을 저의 생존전략으로 삼았을까? 안쓰러운 마음에 질경이를 다른 풀들이 잘 자라는 좋은 환경 속으로 옮겨 심으면 그러나 질경이는 살 수 없을지도 모른다. 다른 식물들과 경쟁적으로 자라 꽃을 피우고 수정하여 씨앗을 남길 그러한 생존 능력이 질경이에게는 없다. 까마득한 태곳적부터 질경이는 그런 경쟁을 피하여 차라리 사람이나 짐승들의 발에 짓밟히는 운명을 스스로 선택한 것이다.

질경이를 밟으며 한참을 오르다 보면 어디선가 강한 꽃 냄새가 진동을 한다. 이 냄새는 오늘 내가 목적지로 삼은 곳이 그리 멀지 않았다는 신호다. 때죽나무는 보통 산의 중턱이나 그 아랫부분에서 자생한다. 나무의 높이는 3~5미터 내외로 그리 크지 않지만 줄기를 옆으로 뻗어 잎이 무성해지면 참 풍성하다는 느낌이 드는 나무다. 5월 중순이 지나면서부터 가지에 꽃을 피우는데 그 꽃에서 나는 향기가 보통이 아니다. 근처에 한 그루만 있어도 멀리까지 향이 나고, 하얗게 핀 꽃은 줄기 아래로 마치 작은 종이 매달린 것처럼 주렁주렁 피어서 보는 사람으로 하여금 절로 감탄사가 나오게 만든다. 꽃잎은 하얗고 수술은 노랗다. 그 깔끔한

꽃잎으로 만드는 차의 대부분은 증기에 찌는 방식을 택하는데, 꽃잎을 쪄 내지 않으면 찻잔 안에서 꽃 잎이 활짝 피어나지 않는다.

이미지가 우선 가슴을 시원하고 깨끗하게 해 준다. 꽃이 지고 그 자리에 맺혀 익은 열매의 씨앗이 매우 단단하여 이런저런 장식품을 만드는 데 쓰인다고 한다.

꽃은 이제 막 핀 걸로 따서 꽃차를 만든다. 강한 향을 가진 꽃이어서 차로 만들면 향이 좋은 꽃차가 되는데, 찻잔 안에서 활짝 피어나지는 않지만 모양이 아주 예쁘다. 숨듯이 나무에서 꽃을 따다 보면 꽃에 취하고 향기에 취해 산 아래의 일 따위는 까맣게 잊게 된다. 꽃잎을 딴 손에선 시큼한 풀내가 난다. 저렇게 향이 고운 꽃이 피는 나무라면 줄기 어딘가에서도 꽃내가 날 것만 같은데 오히려 나무 줄기에선 시고 떫은 맛이 난다.

준비해간 채반에 어느 정도 꽃잎을 따 담고 내려오는 산길에선 언제나 감정이 복잡해진다. 미안하고 죄스럽고 후회스럽다가도 든든하고 기대되고 가슴이 뿌듯해진다. 올라간 산길을 더듬어 내려오는 길은 한결 여유가 있어서 좋다. 초록으로 물든 산야만큼이나 초록으로 물든 눈과 마음. 그 초록의 눈과 마음으로 바라보고 생각하는 세상사는 언제나 그렇듯 참 어여뻐 보인다.

바쁘다.

바쁘다.

쓸데없는 인연들을 있는 대로 만들어 놓고 우리는 바쁘다고만 한다. 보라. 낯선 나에게 제 살점 같은 꽃잎을 내주고도 때죽나무는 결코 나에게 소리치거나 원망하지 않는다. 스스로 최선을 다하며 열심히 살아가는 삶이란 모름지기 저 나무와 같은 것이리라. 꽃 한 송이 피워 내기 위해 나무는 그 흔한 바쁘다는 소리 하나 없이 그저 묵묵히 지금도 바쁘다.

 때죽나무꽃차 만들기

활짝 핀 꽃잎을 채취한다. 순이 살짝 죽을 정도로만 솥에 쪄 그늘에서 바싹 말린다. 말린 꽃잎은 쉽게 수분을 흡수하므로 밀폐용기에 담아 냉동 보관한다. 찻잔에 뜨거운 물을 먼저 부은 후 꽃의 수술 부분이 위쪽을 향하게 하여 꽃잎을 물 위에 띄워 약 2~3분 정도 우려 마신다.

효능
인후염에 좋다.

각별한 애정으로 피어나고 기억되다

자귀나무잎차

자귀나무의 잎은 수십 개의 작은 잎새들이 서로 마주보며 자라나는데 낮에는 활짝
펼쳐져 있다가도 밤이 되면 짝을 맞추어 서로 잎을 닫는다. 합환목이니 애정목이
니 하는 이름들도 생각해 보면 이러한 자귀나무 잎의 특성과 무관하지 않다.

그것이 무엇이건 간에 주어진 저의 이름이 어여쁘다는 것은 참으로 근사한 일이 아닐 수 없다. 더러는 이름에 비해 실물이 못하여 이름만 들었을 때 느꼈던 애틋한 감정이 일순간 실망으로 변하는 경우가 있기도 하지만, 실물을 보지 못한 채 이름만으로 상상할 수밖에 없었던 것들이 막상 실물을 보았을 때 이름자와 별반 다르지 않게 어여쁘게 다가온다면 그보다 더 큰 기쁨이 또 어디 있으랴.

자귀나무, 합환목, 애정목, 부부꽃……. 이름은 다르지만 한 나무의 이름이다. 어떤 것들은 단 한 개의 이름을 얻어 사람들의 머릿속에 기억되기도 쉽지가 않은데, 하나의 나무가 이토록 많은 각기 다른 이름자를 얻을 수 있다니, 그만큼 사람들에게 각별한 존재로 다가왔던 나무였기에 가능한 일이었을 것이다.

자귀나무의 잎은 수십 개의 작은 잎새들이 하나의 줄기에서 서로 마주보며 자라나는데 낮에는 활짝 펼쳐져 있다가도, 밤이 되면 짝을 맞추어 서로 잎을 닫는다. 합환목이니 애정목이니 하는 이름들도 생각해 보면 이러한 자귀나무 잎의 특성과 무관하지 않다. 그 때문에 이 나무를 집안에 정원수로 심으면 부부 사이의 애정이 각별하여 절대로 이혼을 하지 않는다는 말이 있다.

보통은 위로 자라기보다는 옆으로 가지를 뻗는 경우가 많은데 수명이 긴 자귀나무를 보면 옆으로 뻗은 아름드리 가지 위로 온통 분홍빛 꽃을 피우고 있는 모습이 참으로 장관이다. 꽃은 마치 성게처럼 수십, 수백 개의 잎들이 모여 하나의 꽃을 이루는데 그 향기가 특히 좋고 모양이 어여뻐 멀리서 보면 나뭇가지 위로 온통 분홍빛 나비 떼가 앉아 있는 것처럼 여겨질 정도이다. 특히 화창한 날 바라보는 꽃은 그 어여쁨이 남다르다. 가만히 다가가 입김이라도 불라치면 하나하나

의 꽃잎들이 정말 분홍빛 나비가 되어 파란 하늘 속으로 날아가지나 않을까 염려가 된다.

자귀나무 잎은 계절이 봄에서 여름으로 접어들 즈음에 여린 잎을 채취한다. 채취한 잎은 깨끗이 씻은 후에 물기를 빼고 솥에 덖어 그늘에서 말리는데, 잎이 작으므로 채반보다는 한지에 널어 말리는 게 좋다. 차를 마실 때도 잎을 찻잔에 넣고 그대로 우리면 마실 때 입 안으로 작은 잎들이 들어가게 되므로, 따로 작은 주전자에서 우려 잎은 건져 내고 차만 따라 마시는 게 좋다.

 자귀나무잎차 만들기

어느 정도 성장한 잎을 채취하여 줄기에서 하나하나 잎을 분리한다. 물로 깨끗이 씻은 후 소쿠리에 담아 물기를 뺀다. 미리 달구어 놓은 솥에 마른 자귀나무 잎을 넣고 살짝 덖어 낸다. 한지에 널어 바싹 말린다. 말린 잎은 밀폐옹기에 담아 선선한 곳에 보관한다.

효능
마음을 평안하게 해 스트레스와 우울증에 좋은 효과를 보인다.

꽃을 닮아 그 이름마저 앙증맞은
괭이밥

필 때 안 필 때 가리지 않고 제멋대로 다투어 혼란스럽게 구는 것들에 비하면 꼭
피어야할때를 알아 제때에 피어나는 그 현명함이 얼마나 새삼스러운가.

긴 장마 끝으로 언뜻 비치는 햇살이 반갑다. 아직 마르지 않은 풀잎마다 반짝반짝 한 아름씩 영롱한 보석들을 품에 안은 듯 물방울을 머금고 재잘재잘, 풀잎들의 웅성거림으로 이 아침이 분주하다.

예전엔 측백나무로 울타리를 대신한 집이 많았었다. 가지가 촘촘하게 자라서 웬만해서는 그 사이를 뚫고 드나들기가 쉽지 않기도 했거니와 나무줄기의 탄력이 어찌나 대단한지 힘으로 가지를 꺾기가 거의 불가능하기도 했던 탓이다. 측백나무는 가지가 촘촘하고 잎이 무성한 나무지만, 뿌리 쪽 가까이에는 잎이 나지 않고 굵직한 줄기들만 자라나 있는 경우가 많다. 때문에 측백나무 아래를 보면 이런저런 키 작은 풀들이 서로 어울려 자라나는 경우가 많은데, 괭이밥도 측백나무 그늘 아래서 잘 자라는 풀들 중 하나다.

보통 4~5월경이면 뿌리에서 줄기를 올려 노란색의 꽃을 피우는데 비교적 오랜 시간 동안 꽃이 피고 지기를 반복하여 여름에도 쉽게 꽃을 볼 수 있다. 잎은 얼핏 토끼풀과 비슷해 보이는데, 토끼풀보다는 크기가 훨씬 작고 잎마다 연한 붉은색이 감도는 것이 특징이다. 잎을 따서 이로 살짝 깨물어 보면 신맛이 나는데, 보통 이 신맛은 소화를 촉진시키는 기능을 한다고 한다.

이 풀의 이름이 하필이면 괭이밥이라는 이름을 얻게 된 까닭도 살펴보면 이 신맛과 무관하지 않은데, 고양이가 음식을 잘못 먹고 탈이 나면 이 괭이밥 잎을 뜯어서 먹는다고 한다. 그러면 이 잎이 소화기능을 도와 탈난 것을 쉽게 가라앉혀 준다고 한다.

실제로 괭이밥풀의 잎을 뜯어서 먹어 보면 그 신맛이 싫지만은 않은데, 혀로 느끼기에 약간 단맛이 도는 신맛이어서 한번 그 맛을 본 사람이라면 언제 어느 때건 괭이밥풀이 눈에 띄면 금세 입 안에 침이 고이게 된다.

대부분의 꽃들은 제가 피어나야 될 시기를 정확히 알고 있다. 괭이밥도 마찬가지여서 비가 오거나 흐린 날에는 꽃잎을 활짝 열지 않는다. 그런 날에는 애써 꽃잎을 피워 봐야 벌이나 나비 같은 곤충들이 저를 찾아오지 않을 것이라는 걸 이미 알고 있는 것이다.

잎새마다 아직 촉촉하게 물기를 머금은 채 노랗게 피어난 괭이밥 꽃, 필 때 안 필 때 가리지 않고 제멋대로 다투어 혼란스럽게 구는 것들에 비하면 그 현명함이 얼마나 새삼스러운가. 이왕 피어난 꽃이기에 좀 더 환하게 피어나 한 시절 풍요로울 수 있기를 마음으로 가만히 소망해 본다.

여름

여름이면 가지마다 주렁주렁 매달린 이파리들의 흔들림을 견뎌 낼 재간이 없다. 내가 나무가 되고 나무가 내가 된다. 차를 만든다는 것은 결국 서로가 서로에게 그렇게 통하고 있다는 의미는 아닐까?

꽃은 그늘에 말리고 잎은 덖어 말린다

꿀풀차

꿀풀이라는 이름에서 느껴지는 이미지처럼 이 꽃은 꽃잎 안에 참으로 많은 꿀을
간직하고 있다. 꽃을 따서 입 안에 넣고 대궁을 빨면 대번에 단맛이 난다.

한참 동안 산길을 걸어 오르고서야 진작에 마음으로 이미 보아 두었던 장소에 이르렀다. 이 길을 안지는 그리 오래되지 않았다. 고작 서너 번 정도 산책 삼아 오르고 내렸을까? 산은 높지 않고 숲도 그리 깊지 않다. 길은 차 한 대가 간신히 들어갈 정도의 넓이인데, 그냥 산 아래 주차장에 차를 놓고 천천히 걸어서 오르는 게 오히려 더 편하고 즐겁다. 길 양편으로는 제법 키가 큰 소나무들이 자리하고 있어서 한여름에도 햇볕을 피할 수 있을 것 같은데, 그늘진 산길을 걷는다는 게 여간 즐거운 일이 아니다.

길 오른편으로는 숲이 울창하다. 커다란 소나무 아래로 잡목들이 보이고 그 잡목들 아래 이런저런 키 큰 풀들이 보인다. 소나무마다 타고 올라간 담쟁이덩굴이 한창 무성한 잎을 주렁주렁 매달고 있어서 분위기가 왠지 음침하지만, 길 왼편을 보면 느낌이 전혀 다르다. 예전엔 밭을 갈았는지 사람의 손길이 스친 흔적이 곳곳에 남아서 편편한 평지에 가까운 곳들이 많이 눈에 띈다. 더러는 묘를 쓴 곳도 보이는데 그런 곳은 아름드리나무들을 잘라 내서 여지없이 햇볕이 잘 든다. 씀바귀나 고들빼기 같은 꽃들이 보이고 키 작은 나무들이 하얗게 꽃을 피운 모습이 보인다.

중턱쯤에 관리를 잘해 놓아서 깨끗하고 엄숙한 느낌이 저절로 드는 작은 묘지가 하나 있다. 이 묘지 아래로 한때는 밭을 일구었을 넓은 공터가 있다. 이 공터에 해마다 이런저런 들꽃들이 많이 피어나는데, 오늘 내가 만나러 온 꿀풀도 이곳에서 군락을 이루며 자란다. 꿀풀이라는 이름에서 느껴지는 이미지처럼 이 꽃은 꽃잎 안에 참으로 많은 꿀을 간직하고 있다. 꽃을 따서 입 안에 넣고 대궁을 빨면 대번에 단맛이 난다. 꽃의 크기에 비해 안에 간직하고 있는 꿀의 양이 많은 것이 가장 큰 이유일 것이다. 꿀풀엔 작은 곤충들이 참으로 많다. 눈에 보이는 벌에서부터 개미, 하다못해 눈에 잘 보이지도 않는 벌레까지 종류도 참 다양하다.

꽃은 보라색으로 층을 이루어 피는데, 줄기 하나에서 층을 이루는 꽃잎은 하나가 지면 하나가 피는 식으로 순서를 이루어 피고 진다. 때문에 꽃의 전체적인 모습을 보기는 아주 힘이 드는데, 어느 한 곳이 피어 있으면 다른 한 곳은 이미 져 있거나 아니면 다른 한 곳이 아직 피어 있지 않은 경우가 대부분이다.

꿀풀은 잎과 꽃을 차로 만든다. 꽃은 그늘에 말리고 잎은 덖어서 바람이 통하는 곳에 널어 말리는데, 신장염과 방광염에 좋아서 그쪽의 기능이 약해 몸이 쉽게 붓는 사람들에게 좋은 약효를 보인다고 한다. 식물에 대해 하나하나 알아갈수록 신기한 것들을 경험하게 된다. 고작 10~20센티미터의 키를 가진 이 작은 식물에 사람에게 좋은 그런 약효가 있다니 얼마나 신기하고 놀라운 일인가.

하지만 꽃잎이 너무 작은 데다가 꽃의 양도 적어서 한 번에 많은 양을 채취할 수는 없다. 거기다가 이런저런 곤충들까지 덤벼대니 함부로 할 수도 없고 말이다. 최근에는 꽃에 꿀이 특히 많은 점을 살려서 이 꿀풀을 대규모로 재배하는 곳이 있다는 말을 들었다. 벌을 이용하여 꿀을 따고 잎과 꽃은 별도로 약초로도 활용이 가능하다고 하니 농가의 대체작물로도 손색이 없다 하겠다.

손바닥만 한 작은 채반 하나 들고 갔는데 딴 꽃잎이 채반의 바닥도 가리지 못한다. 그나마 마르고 나면 양이 더 줄어들어 작은 종지로 하나도 채 되지 않겠지만, 그렇다고 내 욕심만 챙겨 모든 꽃잎을 다 딸 수는 없는 일이다. 마당 있는 집

꼭 필요한 만큼만 채취한다면 해마다 같은 장소에서 같은 꽃을 볼 수 있을 것이다. 사람의 욕심이 결국 꽃들을 사라지게 만들고 있다.

이라면 꿀풀 씨앗 좀 받아다 심어 놓고 싶은데, 그것도 쉬운 일은 아니다. 하긴 무엇이든 있어야 할 그 자리에 있는 게 가장 아름답다. 꽃도 나무도 하늘도 땅도, 그리고 우리 사람도 말이다.

요즘엔 아침마다 산책 삼아 산에 가는 게 일이다. 한두 시간 정도의 짧은 산행인데, 몸도 마음도 편안해서 참 좋다. 온 산마다 향기로 먼저 피어났던 찔레꽃이 지고 나면 그 다음엔 인동초꽃이 핀다. 개발이라는 미명 하에 요즘엔 워낙 산을 많이 파헤쳐 놔서 인동초도 갈수록 찾기가 힘들다. 내려가는 길에 몇 군데 들러 인동초가 피었나 확인해 봐야겠다.

TiP 꿀풀차 만들기

꽃은 활짝 핀 것으로 시들기 전에 채취한다. 채취한 꽃잎은 깨끗이 씻어 물기를 제거한 후 그늘에서 바싹 말려 밀폐용기에 담아 보관한다. 잎은 채취하여 씻어 물기를 말린 상태에서 솥에 살짝 덖은 후에 그늘에서 바싹 말린다. 꽃과 잎을 찻잔에 담아 뜨거운 물을 부은 후 3~4분 정도 우려 마신다.

효능

신장염, 방광염 등에 좋고, 기침 가래에도 효과가 있다.

금과 은이 서로 섞여 있는 모양

인동초꽃차

활짝 핀 인동초꽃은 향기가 좋고 처음엔 하얗게 피다가 점점 노랗게 변하는 것이
특징인데, 이러한 모양새가 마치 금과 은이 서로 섞여 있는 것 같다 하여 인동초를
다른 이름으로는 금은화라고 부르기도 한다.

인동초 꽃잎으로 만든 차를 마신다. 인동초는 덩굴로 뻗어 자라는 식물인데 잎이 서로 대각으로 두 장씩 돋고, 그렇게 돋은 두 장의 이파리 끝에 하얀색의 꽃잎 두 장이 핀다. 활짝 핀 꽃은 향기가 좋고 처음엔 하얗게 피다가 점점 노랗게 변하는 것이 특징인데, 이러한 모양새가 마치 금과 은이 서로 섞여 있는 것 같다 하여 인동초를 다른 이름으로는 금은화라고 부르기도 한다.

활짝 핀 꽃으로 차를 만들기도 하지만 차의 재료로 쓸 꽃잎은 이제 막 피기 직전의 꽃을 선택하는 게 좋다. 활짝 핀 꽃잎은 채취하여 물로 씻다보면 꽃의 수술이 다 떨어지게 되는데, 이렇게 떨어진 수술이 깨끗이 씻기지 않은 채 꽃이나 잎에 달라붙으면 나중에 차로 마실 때 찻잔 안에 마른 수술이 둥둥 떠서 보기에 썩 좋지 않다. 피기 직전의 꽃으로 차를 만들 때는 꽃잎과 이파리 두 장이 떨어지지 않도록 조심스럽게 채취하여 같이 차를 만들면 찻잔 안에서 활짝 피어나는 모양새가 참 예쁘다. 하얀색 꽃잎과 초록색 이파리가 색의 조화를 이루어 차는 연한 녹색으로 우러난다.

특히 인동초차는 풋풋한 풀내가 강해 한 잔만 마셔도 몸과 마음이 초록의 들판에 드러누워 있는 것처럼 참으로 편안해진다. 차를 다 마시도록 꽃과 잎은 찻물 아래로 가라앉지 않는데, 어쩌면 그래서 풋풋한 냄새가 더 강한 건지도 모르겠다. 풋풋한 풀내라고는 했지만 사실 차의 맛과 향은 그 차를 마시는 사람에 따라 느낌이 다른 것이어서 사람에 따라서는 약간 쌉쓰름한 맛을 느끼기도 하고, 생풀을 씹는 듯한 맛을 느끼기도 한다.

즐겨 마시는 하얀 찻잔에 이제 갓 만든 인동초 찻잎 두 개를 띄우고, 눈으로

인동초꽃은 꽃의 색이 노랗게 변하기 전의 흰색 꽃잎만을 채취하여 차로 만든다.

끓는 물을 따라가다 보면 찻잔 안에서는 금세 연록의 들녘 하나가 새로이 꽃을 피운다. 인동초꽃으로 만든 차는 찻잔 안에서 꽃과 잎이 피어나는 모양새도 모양새지만, 찻물로 우러나는 그 연록의 빛깔이 한없이 사람의 가슴을 설레게 한다. 순록이라는 이름의 동물에서 연상되는 그 한없이 순하고 맑은 이미지처럼, 연록이라는 단어의 색은 사람에게 한없는 평온과 위안을 준다.

이제 갓 만든 차를 놓고, 처음으로 그 차를 시음하는 단계가 오면 마치 순한 어린아이처럼 가슴이 설렌다. 좋은 사람들 다 불러놓고 실컷 차에 취하고 싶어진다. 그대여, 오시라. 나란히 앉아 비스듬히 들어오는 달빛 조명 삼아, 우리, 연록의 인동초꽃차 한 잔씩 나누시자!

 인동초꽃차 만들기

꽃의 색이 노랗게 변하기 전의 하얀색 꽃잎을 잎과 같이 채취한다. 흐르는 물에 깨끗이 씻은 후 뜨거운 물에 살짝 데친다. 찬물에 담가 열을 식힌 후 소쿠리에 담아 물기를 뺀다. 물기가 다 빠지면 한지나 채반에 널어 그늘에서 바싹 말린다. 바람이 통하는 대나무 채반 같은 곳에 담아 바람이 통하는 선선한 곳에 보관한다. 잎과 꽃을 찻잔에 담아 뜨거운 물을 부은 후 2~3분 정도 우려 마신다.

효능
위장을 보호해 주고 두통과 감기 등의 증상에 좋다.

잠자리 날개를 닮은 꽃잎

원추리꽃차

망우초라고도 불리는 원추리. 먼빛에서도 눈에 확 띄게 피어난 그 꽃의 모양을 보면 마치 뭔가 간절하게 기다리고 있는 듯한 느낌이 든다. 어쩌면 사람들은 그 간절함의 모양새를 보고서 저의 근심을 잊고자 했던 것은 아닐까?

무리 지어 피어 있는 야생 왕원추리 군락이 자주 가는 산 중턱에 있다. 원추리에 비해 왕원추리는 꽃이 조금 크고 빛깔이 진하다. 원추리는 연한 노랑인데 반해 왕원추리는 진한 주황색에 가깝다. 꽃잎의 모양도 달라 원추리가 비교적 단순한 모양새로 피어난다면 왕원추리는 그 크고 화려한 꽃잎으로 인하여 얼핏 꽃잎의 모양새가 복잡하게 느껴지게끔 피어난다.

흔히 원추리나 왕원추리꽃을 다른 이름으로 망우초라고 부르기도 하는데, 꽃의 향기가 좋아 사람의 근심을 잊게 해 준다는 의미에서 그렇게 부르는 것으로 나와 있는 경우가 종종 있다. 하지만 이는 아무래도 잘못된 설명 같다. 실제로 맡아 보면 원추리나 왕원추리꽃에선 감각으로 느낄 정도로 그렇게 진한 향기가 나지 않는다. 무리 지어 있는 이파리 사이에서 곧은 줄기를 뻗어 올려 그 끝에서 꽃을 피우는 원추리와 왕원추리. 어쩌면 망우초라는 이름은 그 꽃이 피어나는 모양새에서 따왔을지도 모르겠다는 생각을 한다. 먼빛에서도 눈에 확 띄게 피어난 그 꽃의 모양을 보면 마치 뭔가 간절하게 기다리고 있는 듯한 느낌이 드는데, 어쩌면 사람들은 그 간절함의 모양새를 보고서 저의 근심을 잊고자 했던 것은 아닐까?

꽃에 별다른 향이 없는 것처럼 원추리와 왕원추리꽃으로 만든 차에서도 특별한 향은 느껴지지 않는다. 차로 만든 후에도 꽃빛은 바래지 않아 특유의 노란 빛깔이 살아 있는 듯 찻잔에서 피어나는 모습은 어여쁘지만, 꽃이 커서 송이째 만들 수 있는 차는 아니다. 하나하나 꽃잎을 떼어 만든 차는 눈으로 보면 마치 잠자리 날개를 닮아 있다. 꽃잎에 자연이 남긴 무늬도 영락없는 잠자리 날개의 무늬와 같다. 구태여

꽃잎을 물로 씻어 내는 일은 꽃잎으로 차를 만드는 모든 과정 중에서 가장 힘든 과정이다. 꽃잎이 상하는 일이 없도록 섬세한 손길이 필요하다.

찻잔 안에서 향을 느껴 보라 하면, 뭐랄까, 있는 듯 없는 듯, 느껴지는 듯 마는 듯 연한 향이 나는 것도 같다. 차 색은 꽃빛을 닮아 연한 노랑빛을 품고 진하게 달이면 붉은빛이 돌기도 한다.

꽃잎을 물로 씻어 내는 일은 꽃잎으로 차를 만드는 모든 과정 중에서 가장 힘든 과정이다. 원추리 꽃잎은 수분이 많고 잎이 여리다. 잘못 손대면 꽃잎이 뭉개지기 십상이다. 꽃잎과 꽃잎 사이에 작은 벌레들이 있고, 양지에서 잘 피어나는 꽃이기에 꽃잎에 먼지가 내려앉은 경우도 많아 원추리꽃은 꼭 씻은 후에 차로 만들어야 한다. 그래서 섬세한 손길이 필요하다.

구태여 맛을 보지 않아도 눈으로 보고 가슴으로 느끼는 것만으로도 마음이 평온해지는 차가 있는데, 원추리나 왕원추리꽃차가 그러하다. 작은 찻잔에 꽃잎 두세 장 얹어 노랗게 피어나는 그 모양새만 봐도, 턱 하니 마음 안에 있는 근심 하나쯤은 내려놓게 된다. 더 이상 무얼 바란다는 건 결국엔 다 부질없다는 듯, 찻잔 안에서 빙빙 맴도는 꽃잎이 그저 평온하다.

새벽, 사랑하는 사람과 원추리꽃차 한잔 사이에 놓고 한없이 깊은 그 사람 눈동자를 바라보고 싶다. 미처 들여다볼 수 없었던 마음 한 자락, 그렇게 서로에게 드러내 보일 수 있을 것 같다.

 원추리꽃차 만들기

활짝 핀 원추리꽃을 채취한다. 꽃송이에서 꽃잎을 하나하나 낱장으로 분리하여 물에 깨끗이 씻는다. 물기를 제거한 후 조리용 철망에 담아 증기로 살짝 쪄 낸다. 쪄 낸 꽃잎은 채반에 담아 그늘에서 바싹 말린다. 말린 꽃잎은 밀폐용기에 담아 서늘한 곳에 보관한다. 찻잔에 두세 장의 꽃잎을 얹은 후 뜨거운 물을 부어 약 2~3분 가량 우려 마신다.

효능
소화 기능을 도와주고, 눈을 맑게 한다.

대나무 숲에 바람 드는 소리가 입 안에 머물다

조릿대차

하나의 차를 만들 때면 가능하면 지금 만들고 있는 그 차 생각만을 하려고 한다.
미리 생각이 앞서 차 모양을 생각하고 차의 맛을 상상하는 일 따위는 차를 만드는
데 아무런 도움이 되지 못한다.

무슨 소리에 이 소리를 비유할 수 있을까? 아무리 생각해도 적당한 소리가 떠오르지 않지만, 구태여 맞추어 보라면 대나무 숲에 바람이 드는 소리와 비슷하다 할 수 있을까?

깨끗하게 씻어 솥에 살짝 덖어 말린 조릿대 잎을 적당한 크기로 자른다. 가위로 잎을 자를 적마다 사각사각 잎이 내는 소리가 마치 대나무 숲에 바람이 드는 소리와 흡사하다. 일반 대나무 잎은 가지에서 따면 곧바로 안쪽으로 잎이 돌돌 말리지만, 조릿대 잎은 딴 지 한참이 지나도 잎이 반듯하게 펴진 채 있기 때문에 가위로 자르기가 한결 수월하다. 사각사각 들려오는 바람 소리도 바람 소리지만, 그 소리에 맞춰 조릿대 잎에서 풍기는 싱싱한 냄새가 사람의 기분을 참으로 즐겁고 행복하게 만든다.

하나의 차를 만들 때면 가능하면 지금 만들고 있는 그 차 생각만을 하려고 한다. 미리 생각이 앞서 차 모양을 생각하고 차의 맛을 상상하는 일 따위는 차를 만드는 데 아무런 도움이 되지 못한다. 물 맑고 공기 좋은 곳을 찾아 차의 재료를 채취하는 순간부터 완성된 차를 우려 마시기까지 매 순간을 다만 최선을 다해 그 순간에 집중할 뿐이다.

다른 차들과는 달리 가위로 잘랐다고는 해도 잎이 넓고 얇아 솥에 덖는 과정이 만만치 않다. 타지 않고 골고루 덖어지라고 수시로 뒤적여 주는 손과 주걱에 파랗게 물기를 머금은 조릿대 잎이 온통 달라붙어 그것을 떼어 내는 일만 해도 여간 번거로운 게 아니다. 애매한 말이긴 하지만, 조릿대차를 만들 때도 '적당히'라는 말을 쓰지 않을 수 없겠다. 너무 많이 덖으면 잎이 타서 누렇게 변하게

조릿대차를 마시다보면 어느 순간부턴가 대나무 숲을 오고가던 그 청량한 바람의 소리가 입 안에 머물고 있음을 느끼게 된다.

되고, 덜 덖으면 그대로 생잎으로 남게 된다.

　솥에서 조릿대 잎이 진한 초록색으로 변해갈 정도로 적당히 덖어졌다는 생각이 들면 미리 준비한 한지 위에 조릿대 잎을 펴서 넌다. 잎에 물기가 있는 상태에서는 잎들이 서로 달라붙어 있을 수 있으므로 골고루 펴서 널어야 한다. 깨끗하게 씻은 손으로 몇 번이고 잎들을 들추다 보면 어느새 물기가 마른 잎들이 하나하나 한지 위에 펼쳐지게 되는데, 덖기 전에 반듯하게 펴져 있던 조릿대 잎은 덖어 말리는 과정에서 돌돌 말리게 된다. 완전히 마르기 전에 수시로 잎들을 손바닥으로 가볍게 비벼 주면 어쩌다 서로 뭉쳐 있던 잎들도 하나하나 낱장으로 떨어져 마르게 된다. 뚜껑 있는 찻잔에 완성된 조릿대차 몇 조각을 넣고 뜨거운 물을 부은 후 3~4분 정도 우리면 근사한 조릿대차를 즐길 수 있다.

처음 조릿대차를 만들 때 느낄 수 있었던 대나무 숲에 바람이 드는 소리. 그러나 세상 모든 소리를 오로지 귀로만 들을 수 있다는 생각은 얼마나 어리석은 것인지, 조릿대차를 마시다 보면 대나무 숲을 오고 가던 그 청량한 바람의 소리가 입 안에 머물고 있음을 느끼게 된다. 아무리 먼 거리에 있더라도 사람과 사람 사이를 오고 가는 그 애잔한 마음까지가 이 차를 마시다 보면 그대로 가슴 속 전부로 느껴지는 듯하다.

TiP 조릿대차 만들기

차로 만들 조릿대 잎은 너무 쇠지 않은 걸로 여린 잎을 채취한다. 적당한 크기로 가위로 잘라 물로 깨끗이 씻는다. 소쿠리에 담아 물기를 제거한 후 솥에 살짝 덖어 그늘에서 바싹 말린다. 말린 조릿대 잎 서너 조각을 찻잔에 담아 뜨거운 물을 부은 후 3~4분 가량 우려 마신다.

효능

열을 내리고 가래를 없애며 염증을 제거하고 각종 암세포를 억제하는 등의 효과가 있다.

뜨거워도 속은 시원해

댓잎차

진정 마음으로 느끼지 못한다면 차는 형식에 지나지 않을 것이다. 하나하나 차를
만드는 시간이 길어지면 길어질수록 점점 더 차는 '느낌'이라는 생각을 갖게 된다.

여전히 날은 덥다. 이렇게 더운 날엔 몸 한번 움직여 무얼 한다는 게 여간 버거운 일이 아니다. 있는 대로 창을 열어 놓고, 바람이 통하는 방향으로 선풍기를 켠다. 억지로 부는 바람이 얼마나 시원할까? 작은 주전자에 물을 받아 레인지 위에 올려놓는다. 이렇게 더운 날엔 레인지에 불을 켜는 것만으로도 실내 기온이 쑥쑥 올라간다. 금세 물이 끓고 작은 찻잔에 댓잎 몇 장 올려놓는다. 끓는 물을 바로 주전자에서 찻잔에 따르면 위험하다. 제 성질에 못이긴 끓는 물이 주전자의 주둥이를 빠져 나오면서 멋대로 이리저리 튀기 때문에 끓는 물을 따를 때는 뜨거운 김이 어느 정도 빠져나간 후에 따르는 게 안전하다.

대부분의 대나무 종류는 그 성질이 차가운 편에 속한다. 대나무 종류의 잎으로 만든 차들도 겉은 어떻건 간에 속 성질은 차가운 편이다. 댓잎이 놓인 찻잔에 뜨거운 물을 붓고 3~4분 후면 금세 댓잎이 가진 성질들이 작은 찻잔 안에 우러나게 된다. 색은 연한 연둣빛에 가깝고 맛은 순하다. 향은 대나무 향에 가깝다.

속이 차가운 사람이, 성질이 차가운 편에 속하는 댓잎차를 너무 많이 마시는 것은 좋지 않다. 하지만 더운 여름날에 오히려 뜨거운 댓잎차를 한 잔 정도 하는 것은 바람직하다. 이열치열이라는 말도 있거니와 겉으로 느껴지기엔 뜨겁지만 그 속 성질이 차가운 것이 안으로 들어가면 겉으로 느끼는 것과는 다르게 속은 오히려 더 시원해지는 것이다.

댓잎이 가진 외형적인 특징상 댓잎차는 차를 만드는 과정에서 잎이 동그랗게 말리게 된다. 어떻게 만드느냐에 따라 색은 조금씩 차이가 있겠지만, 안으로 말려드는 모양새만은 다 비슷비슷할 것이다. 댓잎차가 다 우러났는지를 간단히 눈

대나무는 성질이 차가운 편에 속한다. 그래서 무더운 여름날 뜨거운 댓잎차를 마시면 몸과 마음이 더없이 시원하다.

으로 확인하려면, 이렇게 말려들어간 잎이 찻잔 안에서 다시금 펴졌나를 보면 된다. 말려 있던 대나무 잎이 뜨거운 물의 영향으로 다 펴졌다면 그건 찻물이 거의 우러났다는 증거다.

보온병에 물 담아 작은 찻잔 하나 챙겨 들고 시골 마을의 커다란 정자나무 밑에서 이 댓잎차를 마신 적이 있다. 멋대로 뻗은 나무뿌리로 보아 족히 몇 백 년은 되었음직한 나무. 그 나무가 드리우는 그늘 밑 아늑한 품 안에서 내가 만든 댓잎차는 어쩌면 참 보잘것없었을 것이지만 그러나 마음에 남는 그 느낌만큼은 영원히 잊을 수 없을 것 같다.

하나하나 차를 만드는 시간이 길어지면 길어질수록 점점 더 차는 '느낌'이라는 생각을 갖게 된다. 사람에 따라 이런저런 차에 대한 숱한 정의들이 많지만, 내가 생각하는 차는 느낌이다. 진정 마음으로 느끼지 못한다면 차는 형식에 지나지 않을 것이다. 생각만으로도 즐겁고 생각만으로도 행복하고 생각만으로도 그리워지는, 그래서 뜨겁게 우러난 댓잎차 한잔 앞에 놓고 나면 어느 분의 시 구절처럼 나도 누군가에게 단 한 번이라도 뜨거운 사람이 되고 싶다는 그런 생각이 든다.

 TiP **댓잎차 만들기**

그 해 돋은 여린 잎을 채취하여 차로 만든다. 채취한 댓잎은 양끝을 가위로 잘라 낸 후 물로 깨끗이 씻는다. 물기를 말린 후 솥에 덖어 부채나 선풍기를 이용하여 빠르게 열을 식힌다. 그늘에서 바싹 말린 후 찻잔에 서너 조각을 넣고 뜨거운 물을 부어 약 3~4분 정도 우려 마신다.

효능
혈액순환을 돕고 이뇨 작용이 있다. 머리를 맑게 한다.

술이 익으면 술내가,
차가 익으면 찻내가

책보만 한 작은 창 아래, 창문을 열면 가장 먼저 바람이 드는 곳이 그래도 이 방에
서는 제일 상석인데 보통은 그 자리를 새로 빚은 찻나 술병이 차지하고 있다.

단내가 풀풀 풍기는 서재에 들어간다. 말이 서재지 창고나 다를 바 없다. 정리 안 된 책들은 이미 오래전에 구석으로 밀리고 그나마 좋은 자리는 쓰지 않는 가재도구들이 주인처럼 버티고 선 채 좀처럼 자리를 내주지 않는다. 일 년에 몇 번 불을 넣지 않는 것도 이유가 될 수 있을까? 한여름에도 그나마 집 안에서 제일 선선하게 견딜 수 있는 곳이 이 방이다. 볕이 들지 않고 특별히 바람이 불지 않아도 그런대로 선선한 기운이 늘 감돌기에 이 방은 차를 재워 두거나 술을 담가 보관하는 장소로도 겸하고 있다. 때문에 담가 놓은 술이 익으면 술내가 진동을 하고, 재워 둔 차가 익으면 찻내가 진동을 하고, 한동안 미친 척 책만을 읽어 대면 새 책에서 풍기는 잉크 냄새가 진동을 하는 방이 이 방이다. 쓰지 않는 문구 종류나 액자를 보관하는 방도 이 방이고, 나에게 뭔가 특별한 물건이나 비밀스런 것들을 숨겨 두는 장소도 이 방이다.

어림잡아 술의 종류는 한 열 가지는 되지 싶은데 지금이라도 뚜껑만 열면 언제라도 바로 마실 수 있을 정도로 대부분은 잘 익혀져 있다. 하지만 술이란 사람과 사람 사이를 더욱 돈독하게 해 주는 어떤 연결고리로서의 역할이 되어야지 그 자체가 목적이 되어서는 안 된다는 것이 내 생각이어서 특별한 이유 없이 술을 즐기지는 않는다.

익고 있는 차로는 매실과 진달래가 얼핏 떠오른다. 매실은 한 이삼 년 정도 묵은 것에서부터 올해 담근 것까지 양적으로는 단연 첫째다. 사월에 담근 진달래는 아직 꽃물이 빠지지 않은 걸로 보아 완전히 우러나지 않은 것 같다. 여느 해보다도 참 더디다.

책장의 중앙에는 한 폭의 수채화가 걸려 있다. 산 속의 계곡을 그린 그림인데 아는 분이 선물한 이 그림을 나는 참 좋아한다. 수채화인 까닭에 물감의 사이사이로 얼핏 보이는 연필의 선이 참 좋다. 있는 그대로만 볼 것이 아니라 보이지 않는 것까지 볼 수 있는 눈이 있어야겠는데, 나에게는 그림을 볼 수 있는 그러한 능력이 없으니 그림을 주신 분께 마음으로는 참 미안할 따름이다.

이렇듯 온갖 잡동사니로 채워진 이 방에 최근 들어 새로이 한 식구가 표 나지 않게 입주를 하였다. 그나마 부피가 큰 편이 아니기에 표가 나지 않을 뿐이지 위치로 본다면 이 방에서 가장 좋은 위치다. 책보만 한 작은 창 아래, 창문을 열면 가장 먼저 바람이 드는 곳이 이 방에서는 제일 상석인데 보통은 그 자리를 새로 만든 차나 술병이 차지하고 있다. 새로이 담근 술이나 새로이 재워둔 차가 있으면 순번에 따라 조금씩 자리의 변동이 있기는 해도 워낙에 자리가 비좁다 보니 그게 그거인 경우가 많다.

비좁은 자리나마 이리 밀치고 저리 밀쳐 간신히 자리를 만들어 한 병의 와인을 그 자리에 앉혀 놓았다. 이 또한 아는 분이 소중한 마음을 담아 머루로 만든 와인이라고 보내 주신 것이다. 기존에 있던 술병이나 차통들은 가뜩이나 비좁은데 더 비좁다고 투정을 부리겠지만 어쩔 수 없는 일이다. 조금 더 시간이 지나 이 방의 식구들과 두루두루 어울려 몸과 마음 구석구석에 이 방의 냄새가 배이면 어느 달빛이 환한 밤에 나는 이 와인을 마시고 싶다. 단내가 풀풀 풍기는 서재에 아직은 수줍게 들어선 와인 한 병. 지금은 낯설겠지만 언제 그랬냐는 듯 서로 어울려 어깨동무할 것을 믿어 의심치 않는다. 세상 모든 이치가 그러한 것처럼!

미안하고 감사한 마음 없이는
꽃 한 송이도 꺾지 말라

차를 만드는 일은 사랑을 만드는 일이라고 누누이 생각했으면서도 정작 그것을 얼
마나 실행에 옮겨 실천했는지를 생각하면 스스로가 참으로 부끄럽기만 하다.

이른 아침이다. 아직 이슬도 마르지 않은 산길이 촉촉하게 젖어 있지만, 한 번만 더 생각해보면 이것은 자연이 부리는 위장술의 하나다. 벌써부터 머리 위로 내리쬐는 강렬한 햇볕이 두 눈을 똑바로 뜨고 있지 못할 정도로 뜨겁다. 카메라를 허리춤에 차고 작은 손가위 하나 챙겨 든 채 몇 장의 비닐봉투를 뒷주머니에 꽂으면 산을 오르기 위한 준비는 그런대로 갖추어졌다.

산길 가득 질경이가 보인다. 꽃대는 올라왔지만 꽃은 피우지 않았고 당연히 씨앗도 아직 자리를 잡지 못했다. 간간히 노랗게 꽃피운 괭이밥풀이 보이고, 문득 환해서 고개를 들어보니 커다란 자귀나무 한 그루가 온통 분홍빛 꽃을 피우고 서 있다. 항상 말라 있던 작은 계곡도 오늘은 졸졸 물이 흐른다. 실낱 같으나마 뭔가가 멈추지 않은 채 흐른다는 게, 이른 아침 기분을 상쾌하게 만들어 준다.

달개비꽃을 따려고 맘먹고 나선 길이다. 산을 너무 깊이 오르면 달개비꽃은 보이지 않는다. 사람들 곁에서 사람들과 친숙한 꽃이기에 달개비꽃은 얕은 산의 초입에서 무리를 지어 핀다. 온통 환하게 피어 있는 꽃잎이라고 해도 저것들이 다 내 것이 될 수 있다는 생각은 위험하다. 죄스럽고 미안하고 감사한 마음이 없이는 꽃 한 송이도 꺾지 말아야 한다.

솎아 내듯 적당한 양의 꽃을 채취한다. 채취한 꽃잎들이 이 뜨거운 햇볕 아래 행여 시들까 나는 마음이 조급해진다. 얼른 차를 만들고 싶은 마음과 얼른 차를 우려 내고 싶은 마음과 얼른 차를 대접해 드리고 싶은 마음들이 일순간에 내 안에서 부딪히며 요란스럽다.

오르는 산과 내려오는 산은 같은 산인데도 항상 다르다. 오를 때는 보이지 않던 것들이 내려올 땐 보이고, 오를 때는 보이던 것들이 내려올 때는 보이지 않는 경우가 많다. 모든 것은 그대로인데 바라보는 사람의 마음이 다른 탓일 게다.

할머니 한 분이 옥수수 밭에서 옥수수 열매마다 하얀 비닐을 씌워 주고 있는 모습이 보인다. 이 땡볕에 밭일이라니…… 인사를 올리니 새들이 옥수수를 다 갉아먹어 이렇게 비닐을 씌워 주고 있는 것이라 한다. 둘러보니 이 넓은 옥수수 밭의 절반쯤이 하얗게 비닐로 씌워져 있다. 파는 것이냐고 물으니 그저 식구들 나누어 먹을 것이라고 한다. 가슴이 뭉클해진다. 가만히 손에 들려 있는 달개비 꽃잎들을 들여다본다. 나라면 이 하나하나의 꽃잎들이 행여 상할까 꽃잎에 비닐을 씌우는 일들은 못할 것 같다.

농사를 짓는 일은 사랑을 짓는 일과 다르지 않은 것 같다. 차를 만드는 일은 사랑을 만드는 일이라고 누누이 생각했으면서도 정작 그것을 얼마나 실행에 옮겨 실천했는지를 생각하면 스스로가 참으로 부끄럽기만 하다. 식구들이 먹을 하나하나의 옥수수마다 비닐봉투를 씌워 주고 계시는 저 할머니의 손길만큼은 아니어도 좀 더 정성껏 차를 만들어야겠다는 생각을 하며 산을 내려온다.

온몸이 땀에 흥건히 젖도록 무더운 아침, 그러나 마음은 새처럼 참 가벼워졌다. 이렇게 가벼운 마음, 이렇게 행복한 마음. 손에 들려져 있는 달개비 꽃잎이 열여섯 열일곱, 성장을 멈춘 동화나라의 상징이 되어 내 가슴 안에서 환하게 꽃 피어나고 있다.

맛은 순하고 향은 밋밋해

달개비꽃차

야생초차는 처음부터 그 원재료인 야생초가 가지고 있는 성질 그대로의 맛을 음미
하며 마셔야 한다. 사람의 입에 맞는 맛을 내기 위해 이런저런 기교를 부리는 것은
질색이다.

달개비라고도 하고 닭의장풀이라고도 하는데 어느 이름이나 참 정겹다. 시골에서 닭을 키우면 닭장 주변에서 잘 자라기에 이런 이름을 얻었다고 하는데, 그런 이유 말고도 이 꽃을 자세히 들여다보면 생긴 것이 꼭 닭의 머리 부분을 닮아 있다. 꽃이 활짝 피었을 때 꽃 모양을 보면 정말 우아하게 걷고 있는 수탉의 자태가 연상이 되는데, 이는 비단 나만의 생각은 아닐 것이다.

달개비꽃은 보통 7월에서 8월에 피는데 꽃의 색깔은 진한 남색이 많고 더러는 연한 보랏빛 꽃잎도 눈에 띈다. 어린잎은 식용으로도 가능한데 좀 자라면 잎 가장자리에 촘촘한 터럭이 자라 까칠까칠하여 먹을 수 없다. 달개비꽃은 차로 만들 수 있는 어느 꽃보다도 작고 여려서 원형 그대로를 유지한 채 차를 만든다는 것은 사실상 불가능한 일이다. 꽃이 피었을 때 꽃과 더불어 꽃잎을 감싸고 있는 부분을 같이 채취하여 차를 만들게 되는데, 꽃이 워낙 여린 까닭에 흐르는 물에 조심해서 씻는 게 중요하고 씻을 때 꽃잎을 감싸고 있는 잎 부분에 물이 너무 많이 들어가지 않도록 주의해야 한다. 많은 양의 물이 들어가면 쉽게 마르지 않고, 쉽게 마르지 않으면 도중에 그만큼 꽃잎이 변할 위험성이 높다. 작은 솥에서 뜨거운 김에 얼른 쪘다가 바람이 선선하게 부는 그늘진 곳에서 가능하면 빨리 말리는 게 중요하다.

솥에서 뜨거운 김으로 찐 달개비꽃은 한지나 채반에 한 송이씩 널어 말리는데 꽃잎이 마르는 과정에서 한지나 채반에 달라붙지 않도록 수시로 뒤적여 주어야 하고, 바람이 잘 통하게 하여 마르는 과정에서 변질되는 일이 없도록 해야 한다.

차를 말릴 때 속까지 완전히 말리지 않으면 나중에 차가 쉽게 변질되는 원인이 된다.

물기를 머금은 꽃잎은 채반이나 한지에 닿으면 금세 남색 물을 들이게 되는데 쉽게 빠지지 않는다. 한지나 채반에 들은 물이야 상관없겠지만 다 마를 때까지는 꽃잎이 옷에 닿지 않도록 주의해야 한다. 꽃잎이 다 말랐다 싶으면 밀폐용기에 별도로 보관하는데, 겉뿐만 아니라 속까지 완전히 다 말랐는지 확인하여 꽃잎을 거두는 게 좋다. 자칫 겉만 마르고 속엔 아직 물기가 남아 있어 후에 쉽게 변질되는 경우가 많기 때문이다.

마르면 가뜩이나 작은 꽃이 더 작게 줄어들어 검은 빛을 띠게 되고 잎은 연한 녹색이나 갈색을 띠게 된다. 찻잔에 두 개 정도의 꽃잎을 넣고 뜨거운 물을 부어 3~4분 후에 마시면 된다. 맛은 순하고 향은 밋밋하지만 차를 마시는 그 순간 가슴 안에 와 닿는 그 느낌만큼은 뭐라 말로 표현하기 힘들다.

야생초차는 처음부터 그 원재료인 야생초가 가지고 있는 성질 그대로의 맛을 음미하며 마셔야 한다. 사람의 입에 맞는 맛을 내기 위해 이런저런 기교를 부리는 것은 질색이다. 이름만 다를 뿐 하나에서 열까지 전부 같은 맛, 같은 느낌이 난다면 이는 야생초차라는 이름에 걸맞은 차가 아니다. 찔레꽃차에서는 찔레꽃차의 맛이 나고, 호박꽃차에서는 호박꽃차의 맛이 나고, 달개비꽃차에서는 마찬가지로 달개비꽃차의 맛이 나야만 한다. 그 각각의 차들이 우리 곁에 왔을 때 그 차를 마시는 순간만큼은 우리도 찔레꽃이 되고 호박꽃이 되고 달개비꽃이 될 수 있었으면 싶다. 내가 생각하는 진정한 야생초차의 개념은 바로 이러한 것이다.

TiP 달개비꽃차 만들기

활짝 핀 달개비꽃과 여린 잎을 같이 채취한다. 채취한 꽃과 잎을 깨끗이 씻은 후 조리용 철망에 담아 살짝 쪄 내거나, 여린 잎만 따로 모아 덖어서 그늘에서 바싹 말린다. 꽃이 상하지 않도록 밀폐용기에 조심스럽게 담아 서늘한 곳에 보관한다. 찻잔에 잎과 꽃 두세 송이를 얹은 후 뜨거운 물을 부어 약 2~3분 가량 우려 마신다.

효능
당뇨에 좋고 열을 내린다.

호박이 단 것처럼 호박꽃차에서도 단맛이

호박꽃차

습관처럼 찻잔 위에 뜬 호박꽃잎 한 조각 입 안에 넣고 씹어 본다. 어릴 적 어머니
께서 커다란 가마솥에 쪄 주시던 그 호박내가 나는 것 같아 웃는다. 달디단 어머니
의 젖가슴 같은, 참 정겨운 맛이다.

가만히 들여다보면 그 노란 빛깔이 시원시원하게 느껴지는, 참 아름다운 꽃이다. 꽃 안에 벌들이 들어가 꿀을 빨면 커다란 꽃봉오리를 통째로 움켜쥔 채 벌을 잡곤 했던 어렸을 적의 기억이 새롭다.

담장을 타고 덩굴로 뻗거나 밭두렁에서도 그저 잘 자라나는 꽃. 호박꽃으로도 차를 만든다. 꽃으로 만드는 차들은 대부분 사람의 손이 많이 가는데, 호박꽃차도 예외는 아니다. 보기에는 꽃잎이 단단하고 시원시원해 보이지만 실상 호박꽃을 손으로 만져 보면 참 여리다는 생각이 든다. 꽃잎에 수분이 많아 조금만 힘을 주어 잡아도 뭉그러지기 쉽고, 꽃을 꺾고 조금의 시간만 지나도 꽃잎의 끝부분부터 쉽게 시들어 버린다.

얼핏 꽃잎의 수를 세어 보면 다섯 장으로 보이기 십상이지만 호박꽃의 꽃잎은 한 장이다. 한 장의 꽃잎이 자라면서 다섯 개의 꽃잎처럼 갈라지는 것이다. 이는 좀 더 화려하게 보여 더 많은 곤충들을 불러 모으기 위한 호박꽃 나름대로의 삶의 지혜일 것이다. 한 장의 꽃잎이 동그랗게 원형으로 자라면서 잎의 끝부분이 다섯 개로 갈라지는데 그 중앙에 노란색의 수술이 있다. 수술에는 꽃가루가 많아 벌이라도 한 마리 스치면 금세 몸뚱이 가득 노란 꽃가루가 묻어난다.

차로 만들 호박꽃은 너무 활짝 피어나지 않은 것이 좋다. 가능하면 열매를 맺기 전의 것이 좋고, 너무 어린 것도 피하는 것이 좋다. 싱싱한 꽃잎을 채취하여 수술 부분은 떼어 내고 흐르는 물에 깨끗이 씻는데, 꽃잎의 안쪽까지 정성 들여 씻어 주어야 한다. 씻을 때도 손에 너무 힘을 주면 꽃잎이 상하게 된다.

차를 만드는 과정에서도 호박꽃잎은 서로 뭉개지거나 달라붙는 경우가 많은

호박꽃은 채취하여 찻잔 안에 담을 수 있는 적당한 크기로 잘라 차로 만든다.

데 반드시 나무핀셋으로 수시로 하나하나 들어 올려 뒤집어 주어 골고루 잘 마르게 하는 게 중요하다. 마르는 과정에서 호박꽃이 얇아져서 찢어질 염려가 있으니 주의해야 한다. 꽃이 너무 커서 통째로 차로 만드는 것은 불가능하고 또 구태여 그렇게 만들 필요도 없다. 우려 마시기 적당한 크기로 잘라 만들면 된다.

대략 하나의 찻잔에 서너 조각의 호박꽃잎을 넣고 뜨거운 물을 부은 후 3~4분 후면 차가 우러나 마실 수 있게 되는데, 색은 연한 녹색이 어우러진 노란빛을 띤다. 맛은 느끼는 사람에 따라 약간의 차이가 있으나 삶은 호박에 가까운 맛이

나고, 향 또한 그러하다.

습관처럼 찻잔 위에 뜬 호박꽃잎 한 조각 입 안에 넣고 씹어 본다. 어릴 적 어머니께서 커다란 가마솥에 쪄 주시던 그 호박내가 나는 것 같아 웃는다. 달디단 어머니의 젖가슴 같은, 참 정겨운 맛이다.

호박꽃차는 사실 처음엔 별 기대를 하지 않고 마시기 시작한 차인데, 마시면 마실수록 그 은근한 매력에 반해 이제는 곁에 두고 수시로 마시는 차가 되어 버렸다.

— 호박꽃이 호박꽃이지 뭐, 별 거 있을까!

웬만하면 차를 만들기 전에 이런저런 선입견을 갖지 않으려고 최대한 노력하는 나도 이랬는데 그렇지 않은 분들이야 오죽할까. 하지만 호박꽃이 됐건 장미꽃이 됐건 기본적으로 꽃이라는 꽃은 다 소중하다. 이름이나 생긴 것에 따라 그 가치가 달라질 수는 없다. 그러고 보면 사람의 선입견이란 참 무섭다. 호박꽃으로 차를 만들어 마신다면 무의식중에, '흥! 그깟 호박꽃?' 이래 버리니 말이다.

겉으로 화려하고 고운 빛깔의 다른 꽃들로 차를 만들어 보면 차를 우리는 과정에서 제가 가지고 있는 꽃잎의 빛깔을 다 잃어버리는 경우가 종종 있다. 그래서 나는 장미꽃차를 즐겨 마시지 않는데, 장미꽃차는 차로 우리면 본래 제가 가지고 있는 빨강 빛깔이 다 빠져 버린다.

보랏빛이 예쁜 칡꽃차도 그렇다. 해마다 차를 만드는데도 결코 그 과정이 만만치 않다. 보랏빛이 빠지지 않은 채 꽃 모양이 그대로 살아나는 차를 느낄 수 있을 때 그 차가 내가 만든 가장 좋은 칡꽃차가 될 것인데, 이상하게도 자연의 보랏

빛은 열을 가하면 그 빛깔을 쉽게 잃어버린다. 사람들은 그런 것은 별 거 아니라고 하지만 차를 만드는 나로서는 은근히 신경이 쓰이고, 연구하여 마침내는 꼭 얻어 내야 하는 부분이다.

하지만 호박꽃은 변하지 않는다. 일단 만들기가 힘들어서 그렇지 다 만들어 놓기만 하면 커다란 위안을 주는 차다. 향도 구수하고, 맛도 참 구수하다.

차를 마실 땐 입 안에 가능하면 다른 음식물의 냄새가 없어야 한다. 그래야 그 차가 가지고 있는 본연의 향과 맛을 제대로 느낄 수 있게 된다. 호박꽃차에는 사람을 끄는 은근한 매력이 있다. 처음엔 '무슨 이런 맛?' 하다가도 한 잔 두 잔 마시다 보면 점점 그 깊은 매력에 빠져들게 된다.

꽃에서 열매가 나오는 것이니, 아무래도 열매에서 연상되는 맛을 꽃에서도 느끼기란 그리 어려운 일이 아닐 것이다. 호박이 참 단 것처럼 호박꽃으로 만든 차에서도 단맛이 난다. 단맛의 느낌이 드는 차를 마시고 나면 속이 참 따뜻해지는

TiP 호박꽃차 만들기

가능하면 아직 꽃에 호박이 열리기 전의 싱싱한 꽃잎만을 채취한다. 수술을 제거한 후 꽃에 묻어 있는 꽃가루를 흐르는 물에 깨끗이 씻는다. 적당한 크기로 꽃을 잘라 조리용 철망에 담아 살짝 찐다. 그늘에 바싹 말린 후 밀폐용기에 담아 서늘한 곳에 보관한다. 찻잔에 말린 꽃잎 서너 조각을 넣고 뜨거운 물을 부은 후 2~3분 정도 우린 후에 마신다.

효능
맛은 달다. 당뇨에 좋고 소변의 흐름이 원활하도록 도와준다.

것을 느끼게 되는데, 호박꽃차는 당뇨에 좋고 소변이 잘 나올 수 있도록 도와주는 효과가 있다고 한다.

　한 이삼 일 더 덥다가 비가 내리고, 그러면 제법 선선한 바람이 불 거라고 한다. 빨리 가을이 왔으면 좋겠다. 근사하게 호박꽃차 우려서 가을 속으로 걸어 들어가고 싶어진다. 곱게 물든 나뭇잎 몇 장 차곡차곡 책갈피에 끼워 두면서 말이다. 가을 안에서 느껴지는 호박꽃내, 사랑하는 사람이 곁에 있어서 더 좋을 그 향기.

더운 날일수록 따끈한
차 한잔이 그립다

이열치열이라는 말이 있다. 이렇게 더운 날에 무슨 차냐고 할지 모르겠지만, 그래서 더운 날일수록 따뜻하게 데워 마시는 차 한잔은 꼭 필요하다.

야근을 마치고 새벽에 퇴근을 한다. 꼭 이렇다. 쉬는 날 모처럼 늦게까지 자려고 마음먹고 있으면 눈은 오히려 더 일찍 떠져서는 행여 식구들 잠이 깰까 봐 발자국 소리도 제대로 내지 못하게 된다. 더위가 한풀 꺾인다고 하는데도 오늘은 이른 아침부터 푹푹 찌는 듯한 날씨가 만만치 않겠다. 열린 창으로 올려다 보이는 하늘이 연한 회색빛이다. 파란 하늘빛 틈새로 간간히 선선한 바람이라도 불어오게 되어 있어서 하늘이 파란 날은 차라리 그렇게까지 덥지는 않다. 하지만 오늘 같이 이른 아침에 하늘이 연한 회색빛이면 그날은 정말 더운 날이 될 가능성이 높다. 어렸을 적에 보면 항상 그랬다. 이른 아침에 안개가 낀 날은 하루 내내 강렬한 햇볕에 찜통더위가 기승을 부렸다. 길가를 향해 난 내 방엔 책보만 한 작은 창이 하나 있었는데, 창을 열면 신작로 건너편으로 끝없이 펼쳐진 논이 펼쳐져 있었다.

이맘때쯤이나 되었을 게다. 창을 열고 내다보면 어떤 날은 파랗게 자란 벼 위로 셀 수 없이 많은 거미줄들이 촘촘하게 엉겨 있는 날들이 있었다. 여간해선 그 거미줄들이 사람의 눈에 잘 보이지 않지만 정말 너무도 선명하게 잘 보이는 날이 있었는데, 이른 아침 연하게 안개가 끼어 있는 날이 그러했다. 안개가 끼어 있는 날에는 공기 중에 있는 무거운 수증기가 위로 올라가지 못하고 밑으로 내려 앉아 거미줄에 촘촘하게 물방울처럼 맺히게 되어 투명한 거미줄이, 덕분에 너무도 선명하게 드러나 보일 수 있었던 것이다.

그렇게 드러난 거미줄은 그러나 생각처럼 오래 가지 못한 채 시야에서 사라지곤 했는데, 안개가 걷히고 해가 드러나면서 거미줄에 맺힌 물방울들이 말라 버리

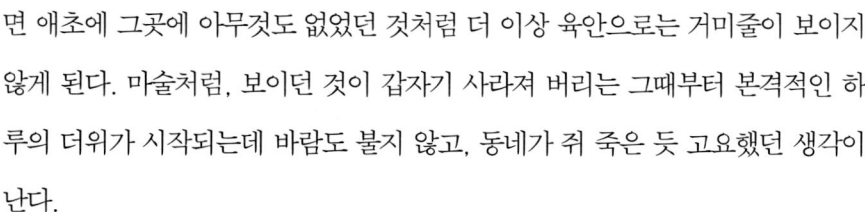

면 애초에 그곳에 아무것도 없었던 것처럼 더 이상 육안으로는 거미줄이 보이지 않게 된다. 마술처럼, 보이던 것이 갑자기 사라져 버리는 그때부터 본격적인 하루의 더위가 시작되는데 바람도 불지 않고, 동네가 쥐 죽은 듯 고요했던 생각이 난다.

이렇게 더운 날엔 그래도 그늘이 낫다. 매미 울어대는 커다란 나무 그늘 아래서 가벼운 책이라도 읽으면서 지내면 좋겠다. 흐르는 물에 발이라도 담글 수 있다면 더 좋겠고 말이다.

이열치열이라는 말이 있다. 실제로 더운 날엔 뜨거운 걸 먹어야 몸에 좋다고 한다. 사람이 겉으로 느끼는 온도가 높으면 높을수록 속은 오히려 차가워지는데, 그런 상태에서 차가운 걸 먹으면 몸에 탈이 난다. 차가워진 속을 따뜻하게 데워 주어야만 오히려 더운 날씨에도 몸은 시원함을 느낄 수 있다. 이렇게 더운 날에 무슨 차냐고 할지 모르겠지만, 그래서 더운 날일수록 따뜻하게 데워 마시는 차 한잔은 꼭 필요하다.

잠시 바쁜 일상에서 벗어나 한적한 시골 마을을 찾아 몸과 마음에 여유를 느끼고 오는 것도 좋겠지만, 그럴 수 없는 형편이라면 따뜻한 차 한잔 데워 탁자 위에 올려놓고 마음으로나마 자연의 정취를 만끽하는 것도 이 여름을 건강하게 날 수 있는 한 방법이지 싶다.

이 차를 마시는 그대,
부디 행복하기를

내가 만든 꽃차에서는 꽃내가 난다. 내가 만든 잎차에서는 풀내가 나고, 내가 만든
뿌리차에서는 그대로 흙내가 난다. 있는 그대로의 모양과 있는 그대로의 향, 그리
고 있는 그대로의 맛을 작은 찻잔 안에 재연해 내고 싶다.

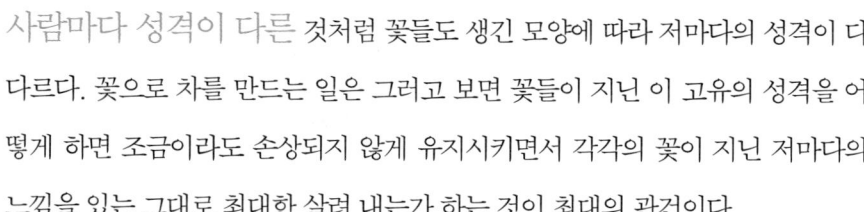

사람마다 성격이 다른 것처럼 꽃들도 생긴 모양에 따라 저마다의 성격이 다다르다. 꽃으로 차를 만드는 일은 그러고 보면 꽃들이 지닌 이 고유의 성격을 어떻게 하면 조금이라도 손상되지 않게 유지시키면서 각각의 꽃이 지닌 저마다의 느낌을 있는 그대로 최대한 살려 내는가 하는 것이 최대의 관건이다.

겉으로 드러나는 모습과 보이지 않는 속의 모습이 다른 사람을 종종 보게 되는 것처럼, 꽃들도 겉으로 드러나는 이미지와 속에 숨겨져 있는 본연의 성질이 다른 경우가 많다. 겉으로는 강하고 단단해 보이는 꽃들이 차를 만들다 보면 오히려 부드럽고 연한 경우가 많고, 겉으로는 너무 여려서 이 꽃으로 어떻게 차를 만들 수 있으랴 싶은 꽃들이 막상 차를 만들다 보면 강하고 단단하여 의외로 쉽게 차가 만들어지는 경우가 많다.

꽃으로 만드는 차는 몇 종류를 제외하고는 대부분 물로 씻을 수 없다는 단점이 있다. 아무리 아름다운 꽃이라고 하여도 더러는 꽃 속에 이런저런 이물질들이 들어 있기 마련인데 이 이물질을 제거하려고 꽃에 물을 댈 수 없는 꽃들이 많은 것이다. 그래서 가능하면 꽃으로 차를 만들 땐 먼지나 차량의 통행이 적은 깊은 산속에서 꽃을 채취하는 게 좋다. 비록 눈에 보이지는 않는다고 하여도 도심 속이나 차량의 통행이 많은 곳에 핀 꽃엔 그만큼 이물질이나 오염 물질이 많이 묻어 있을 것이기 때문이다. 특히 꽃잎은 대개 벌이나 곤충을 불러 모아 꽃가루를 옮기기 쉽게끔 끈적거리는 물질을 함유하고 있는데, 이 끈적거리는 물질에 달라붙은 이물질들은 쉽게 떨어지지 않는다.

더러 꽃송이가 크고 두꺼워 물로 씻어도 무방한 꽃들은 흐르는 물에 가능하면 여러 번 씻는 게 좋다. 비단 꽃뿐만 아니라 잎이나 뿌리로 차를 만들 때도 이 씻는 과정은 참으로 중요하다. 어떤 차는 깨끗이 씻는 것만으로도 90퍼센트는 차가 완성되었다고 해도 과언이 아닐 정도다.

각각의 꽃들이 지닌 고유의 성질을 나는 사랑한다. 사람도 나와 똑같은 사람이 세상에 하나도 없는 것처럼 꽃들도 나와 똑같은 꽃은 세상에 하나도 없다. 가능하면 나는 차를 만들 때 꽃들이 지닌 이 성질을 그대로 살려 내려고 노력한다. 내 입에 맞지 않는다고 억지로 가공하고 조리하는 일 따위는 하고 싶지 않은 것이다.

내가 만든 꽃차에서는 꽃내가 난다. 내가 만든 잎차에서는 풀내가 나고, 내가 만든 뿌리차에서는 그대로 흙내가 난다. 하나의 차를 만들 때 적게는 수 번에서 많게는 수십 번씩 손이 간다. 그러나 이렇게 손이 가는 이유는 전적으로 꽃이 지닌 본연의 성질을 유지하기 위한 것이지, 꽃의 성질을 바꿔 내게 맞는 새로운 꽃을 만들기 위한 것은 아니다. 있는 그대로의 모양과 있는 그대로의 향, 그리고 있는 그대로의 맛을 하나의 작은 찻잔 안에 재연해 내고 싶다.

내가 만든 차를 마시면서 그 사람이 마시는 것이 꼭 한잔의 차가 아닌 다른 어떤 것이기를 나는 소망한다.

— 부디 행복하기를!

꽃잎 하나, 이파리 하나마다 손길이 닿을 적마다 진심으로 담아 새기는 내 마음의 주술이다.

— 이 차를 마시는 그대여, 부디 행복하기를!

맛 없음이 하나의 맛이 되고

해바라기꽃차

찻잔을 들어 먼저 향을 맡아본다. 향이 하나도 없다. 향이 없는 차는 맛도 특별한
맛이 없다. 해바라기꽃차도 역시 그렇다. 한 잔, 두 잔…… 몇 잔째를 마시다 보니
그 맛 없음이 하나의 맛으로 비로소 다가온다.

해.바.라.기.

그동안 무심코 불렀던 이름이 오늘따라 색다른 느낌으로 다가온다.

해를 바라보며 핀다는 뜻의 참 예쁜 이름이다. 어쩌다 이 꽃이 해바라기라는 이름을 얻게 되었는지는 모르겠으나, 한낮의 뙤약볕에서 이 꽃을 가만히 바라보고 있으면 정말 이 꽃은 온종일 해만 바라보면서 피어 있을 것 같은 느낌이 든다.

이제 막 그림을 그리기 시작하는 어린아이에게 도화지와 크레파스를 주면서 해를 그려 보라고 하면, 신기하게도 아이들이 그린 해의 모양이 십중팔구는 해바라기꽃과 아주 흡사하다. 도화지 가득 동그란 원을 그려 놓고 원 바깥쪽으로는 사자의 갈기처럼 이글거리는 태양의 뜨거운 불길을 그려서 표현해 놓는다. 의도했던 것은 아니었겠지만, 그 해의 모양이 활짝 핀 해바라기꽃과 너무도 비슷하다.

해바라기는 어느 꽃보다도 많은 양의 태양을 필요로 하는 꽃이다. 한여름에 피기 시작하여 햇볕이 가장 강한 초가을까지 노란 꽃이 핀다. 갈색 씨앗을 안으로 보듬어 안고 샛노란 빛깔로 환하게 피어나는 해바라기꽃을 보면 그 색의 조화부터가 너무 강렬해 보여서, 정말 이 꽃은 한여름 뜨거운 햇살을 머금어야만 피어날 수 있는, 피가 뜨거운 꽃이구나 하는 생각이 절로 든다.

실제로 해바라기가 해의 이동을 따라 꽃잎의 방향을 바꾸어가며 하루 종일 해만 바라보며 피는지 어쩌는지는 알 수 없는 일이지만, 어쩌면 해바라기꽃은 꼭 그렇게 필 거라고 나는 믿고 싶어진다. 저 바라보고 싶은 것만을 바라보며 살 수 있는 꽃이 한 가지쯤은 이 세상에 있다는 것이 때로는 우리에게 얼마나 큰 위안이 되는 일인가. 내 마음의 밭에도 싱싱한 해바라기 꽃씨를 뿌려 두어야겠다. 마

해바라기꽃차는 해바라기꽃의 노란 꽃잎만을 채취하여 차로 만드는데, 꽃잎을 솎아 내듯이 채취하여
해바라기 하나에서 너무 많은 꽃잎을 채취하는 일이 없도록 주의한다.

음으로나마 보고 싶은 것만을 보면서 살 수 있다는 것은 얼마나 행복한 일인가.

　해바라기꽃차를 우린다. 해바라기 꽃잎은 차로 만들어도 그 노란 빛깔이 변하
지 않는다. 그늘과 햇볕을 오가며 바싹 마른 꽃잎, 찻잔에 담으려고 손끝으로 만
지니 여인이 고운 한복을 입고 걸을 때 나는 바삭거리는 느낌의 소리가 난다. 입
가에 저절로 미소가 떠오르게 만드는 참 행복한 소리.

　하얀 찻잔에 넉 장의 해바라기 꽃잎을 담고 끓여 놓은 물을 붓는다. 순간 마른
꽃잎이 찻잔 안에서 환하게 피어나며 꽃잎의 노란 물이 찻잔에 맑고 투명한 빛깔

로 우려져 나온다.

찻잔을 들어 먼저 향을 맡아본다. 해바라기 꽃잎이 마르면서 풍기던 풋풋한 풀 냄새는 온데간데없다. 향이 하나도 없다. 입 안에 한 모금 머금고 첫맛을 본다. 대부분은 그렇다. 향이 없는 차는 맛도 특별한 맛이 없다. 해바라기꽃차도 역시 그렇다. 뜨거울 때 마셔도 그렇고 조금 식은 후에 마셔도 그렇고 완전히 식은 후에 차가운 차를 마셔도 특별하게 느껴지는 맛이 없다. 노란 해바라기 꽃잎만 보고서 미리 특별한 향과 맛을 기대했다면 실망하기 딱 좋았으리라. 그러나 한 잔, 두 잔…… 몇 잔째를 마시다 보니 그 맛 없음이 하나의 맛으로 비로소 다가온다.

맛이라는 감각은 사람의 온 몸 중에서 극히 작은 한 부분인 혀를 통해서 느끼는 감각이다. 차를 만들면서 매번 인위적인 맛을 내지 말자고 다짐한다. 혀로 느끼는 감각을 충족시키고 싶으면 그중 제일 으뜸인 단맛을 내기 위하여 설탕을 넣으면 그만이다. 하지만 그렇게 해서 마시는 차는 설탕 맛이 전부다. 어떤 차가 가지고 있는 고유의 맛이 아닌 것이다.

작은 찻잔 안에서 노랗게 피어나는 그 투명한 빛깔만으로도 해바라기꽃차에서 느낄 수 있는 행복감은 이미 충분하다. 차의 맛이라는 것은 순간적으로 느낄 수 있는 것이 아닌, 눈에 보이지 않는 곳에서 진실로 서서히 우러나는 법이다. 그래서 잘 만들어진 차는 늘 좋은 사람을 연상케 만든다. 그저 바라만 보

고 있어도 좋은 사람, 그저 생각하는 것만으로도 행복한 사람. 해바라기꽃차를
마시면 그래서 늘 곁에 가까이하고 싶은 좋은 사람들이 먼저 머릿속에 떠오른다.

 해바라기꽃차 만들기

씨앗이 여물기 전의 노란 꽃잎만을 채취한다. 물로 깨끗하게 씻은 후 솥에 찐다. 채반에
골고루 펴 널어 그늘에서 바싹 말린다. 말린 꽃잎은 용기에 담아 서늘한 곳에 보관한다.
꽃잎 두세 장을 찻잔에 담아 뜨거운 물을 붓고 약 2~3분 가량 우린 후에 마신다.

효능
간의 피로를 풀어 주고, 혈압을 내리는 효능이 있다.

하늘을 능멸할 정도로
아름다운 능소화

이왕 사랑할 것이라면 차라리 두 눈이 멀어 버리도록 그렇게 깊이 사랑하고 싶은
것은 비단 나만의 생각일까?

이원규

능소화

꽃이라면 이쯤은 돼야지

화무 십일홍
비웃으며
두루 안녕하신 세상이여
내내 핏발이 선
나의 눈총을 받으시라

오래 바라보다
손으로 만지다가
꽃가루를 묻히는 순간
두 눈이 멀어 버리는
사랑이라면 이쯤은 돼야지

기다리지 않아도
기어코 올 것은 오는구나

주황색 비상등을 켜고
송이송이 사이렌을 울리며
하늘마저 능멸하는

슬픔이라면
저 능소화만큼은 돼야지

같은 단어를 두고 그때그때 처한 상황에 따라 각기 다르게 읽히는 시가 있다. 이원규 시인의 이 능소화라는 시를 읽다 보면 어쩌면 하나의 시를 두고 사람의 감정에 따라 이렇게까지 시가 다르게 읽혀질 수 있는 것인지 놀라게 된다.

차를 만들 때 이 시가 생각이 나면 시의 첫머리에 등장하는 꽃이라는 시어가 나에게는 꼭 차(茶)라는 단어로 읽혀진다. 꽃이라면 이쯤은 돼야지, 이 시구가 마치 나에게는 이 사람아, 차(茶)라면 이쯤은 돼야지, 마치 이렇게 읽히는 것이다.

능소화는 그 꽃의 화려함으로 인하여 예전에는 아무 집에서나 볼 수 없이 오로지 양반집의 정원에서나 볼 수 있었던 꽃이라고 한다. 그 때문에 이 능소화를 다른 이름으로는 양반꽃이라고도 부르는데, 보통은 7~8월 사이 한창 햇볕이 뜨거울 때 피어나는 대표적인 여름 꽃이다.

꽃 색은 주황색으로 그 색깔부터가 보통 강렬한 것이 아니어서 먼빛으로만 봐도 금세 눈길을 사로잡는데, 꽃이 질 때도 꽃잎이 완전히 시든 다음에 꽃이 지는 게 아니라 마치 누가 일부러 떼어 낸 것처럼 꽃이 송이째 뚝뚝 떨어져, 장마철 비 온 뒤끝으로 능소화 나무 아래 수북하게 쌓여 있는 주홍빛 꽃잎을 보는 일은 여간 가슴 아픈 게 아니다.

하지만 안쓰러운 마음에 능소화를 손으로 만지거나 하는 일은 조심하여야겠다. 능소화의 꽃가루는 미세하지만 모양새가 갈고리 모양으로 끝이 휘어져 있어서, 이 꽃을 손으로 만진 후에 눈이라도 비비게 되면 눈동자에 달라붙은 꽃가루가 쉽게 빠지지 않은 채 점점 깊숙이 파고 들어가 자칫 실명할 수도 있다고 하니 말이다.

분명 하늘을 능멸할 정도로 아름다운 꽃임에는 분명하지만, 선뜻 손을 내밀어 사랑하기에는 그 위험이 너무도 큰 꽃. 그러나 이왕 사랑할 것이라면 차라리 두 눈이 멀어 버리도록 그렇게 깊이 사랑하고 싶은 것은 비단 나만의 생각일까?

햇볕 한 점 바람 한 조각도
세심히 살피다

차를 잘 만드는 것 못지않게 중요한 것이 차를 잘 보관하는 것이다. 재료를 채취하여 차를 만들고 보관하여 마시기까지 어느 것 하나 소홀히 해서는 안 되는 게 바로 야생초차를 만드는 사람의 마음이다.

말라 바스락거리며 손끝에 와 닿는 이 느낌이 나는 참 좋다. 꽃잎으로 차를 만들어 말릴 때는 가능하면 그늘에서 말려야 한다. 그래야만 꽃잎의 색이 변하지 않고 쉽게 부서지지 않는다. 하지만 그늘이라고 해서 완전한 그늘이면 안 된다. 하루 종일 그늘져서 바람도 통하지 않는 곳에서는 꽃잎이 마르지 않는다. 그늘진 곳이라고 해도 볕이 가까이 있는 그늘이 좋다. 비록 볕은 들지 않지만 볕이 드는 것과 다를 바 없는 양지 같은 음지. 그런 곳이라면 하루면 바싹 마른 꽃잎을 손으로 만질 수 있다.

잎으로 만든 차는 오랜 기간이 지나도 쉽게 변질되지 않아 보관이 비교적 쉬운 편이지만, 꽃으로 만든 차는 습기에 참으로 약해서 아무리 잘 말렸다고 해도 비라도 오거나 주변이 습하면 어김없이 습기를 머금어 눅눅해진다. 그 상태에서 관리를 하지 않고 하루나 이틀이면 벌레가 생기게 되어 애써 만든 꽃잎을 버려야만 한다. 애써 만든 차를 관리를 잘하지 못해 버릴 때의 느낌은 말로 뭐라 표현할 수가 없다. 차를 만든 그동안의 수고도 수고지만 애써 피어난 꽃잎을 따서 제대로 차로 마시지도 못하고 버릴 때의 그 죄책감이란.

아파트에서 차를 다루는 일을 하다 보면 가장 힘든 것 중 하나가 완성된 차를 보관하는 일이다. 시골집이라면 채반이나 망에 담아 사방으로 바람이 잘 통하는 선반 위에 올려놓고 수시로 들여다보면 좋겠지만, 아파트에서는 그럴 만한 공간이 없겠기에 처음부터 눅눅해지지 않도록 별도의 보관을 하는 게 좋다. 그나마 아파트에서 차를 보관하기에 비교적 적당한 곳이라고는 베란다 정도가 될 것 같다. 우선은 볕이 잘 들고, 마음만 먹으면 수시로 창을 열고 닫아 바람이

다 만들어 갈무리하기 전의 차.
보기만 해도 배가 부르다.

잘 통할 수 있는 곳일 테니까 말이다. 하지만 베란다라고 해서 항상 문을 열어 놓을 수도 없는 노릇이고, 장마철이라도 되면 눅눅한 습기를 해결할 마땅한 방법이 없다.

아파트에서 차를 보관할 수 있는 가장 좋은 방법은, 조금 아쉽기는 하지만 냉장고에 보관하는 것이다. 가지고 있는 차의 종류가 많고 양도 비교적 넉넉하다면 다른 음식물들과 섞어서 냉장고에 넣는 것보다는 차만을 보관하는 전용 냉장고가 있다면 좋을 것이다.

잎으로 만든 차는 비닐봉지나 밀폐용기에 담아 김치 냉장고나 냉장고의 냉장실에 넣어두면 안심이다. 설탕이나 꿀에 재워 만든 차들도 마찬가지다. 꽃으로 만든 차는 냉동실에 보관하는 게 좋다. 기본적으로 냉장고에도 습기가 많고, 다른 음식물과 같이 냉장고에 넣으면 다른 음식물 냄새가 꽃잎에 배어 차를 마실 때 고유의 향을 느끼지 못할 수도 있기 때문이다. 냉동실에서는 비교적 오랜 시간이 지나도 꽃잎이 눅눅해져 벌레가 생기는 일은 일어나지 않는다.

보관할 때는 성능이 좋은 밀폐용기를 쓰도록 한다. 한 번도 다른 음식물을 넣지 않은 깨끗한 것이 좋고, 속이 들여다보이는 유리로 된 것이면 더 좋다. 유리병은 꽃잎의 상태를 수시로 확인할 수 있고, 또 어느 용기보다도 위생적이다. 꽃잎을 손으로 눌러가며 용기에 담는 것은 좋지 않다. 꽃잎이 상할 염려가 많고 그렇게 눌러 담으면 공기가 통하지 않아 쉽게 상하게 된다. 큰 용기에 많은 양을 보관하는 것보다는 작은 용기 여러 개에 나누어 보관하다가 하나씩 개봉하여 먹는 게 좋고, 용기의 뚜껑이나 옆면에 차의 이름이나 차를 만든 날짜 등을 기록해 두는 것도 차를 잘 보관할 수 있는 방법이 된다.

자연 속에서 하나하나 소중하게 얻은 야생초차를 냉장고라는 기계적인 장치 속에 보관한다는 게 썩 내키는 일은 아니지만 살고 있는 생활공간이 아파트라면 달리 그 이상의 좋은 보관 방법이 없으니 어쩔 수 없는 일이다. 중요한 건 마음이라는 생각을 한다. 어쩔 수 없는 현실 탓만 하면서 아무것도 하지 않는 것보다는 주어진 환경 안에서 최대한 즐길 수 있도록 노력하는 자세가 필요하지 않을까?

많은 분들이 야생초차에 깊은 관심을 보이면서도 정작 쉽게 접하지 못하는 이유를 들어 보면 주거 환경을 가장 크게 꼽는다. 비좁고 밀폐된 공간 안에서 뭔가를 한다는 게 사람들에게는 처음부터 불가능한 일로 여겨지는 것이다. 하지만 전혀 그렇지 않다. 대규모로 야생초차를 만들어 그것을 판매하고 수익을 얻기 위한 것이 아니라면 야생초차를 만드는 데 필요한 공간은 한 평이면 족하다. 그 한 평의 공간에서 얻을 수 있는 마음의 행복은 하늘의 평수만큼이나 넓다. 차를 꺼내기 위해 냉장고 문을 열 때마다 마음 한 편으로 시원스레 불어오는 자연의 바람결을 느낀다. 모든 것은 생각하기 나름이다.

차를 잘 만드는 것 못지않게 중요한 것이 차를 잘 보관하는 것이다. 재료를 채취하여 차를 만들고 보관하여 마시기까지 어느 것 하나 소홀히 해서는 안 되는 게 바로 야생초차를 만드는 사람의 마음이다. 베란다에 드는 햇볕 한 점, 바람 한 조각까지도 그저 그냥 보아 넘기지 않는 세심한 마음가짐이 필요하다.

예로부터 약재로 쓰인 우리나라 꽃

무궁화꽃차

꽃이 질 때 무궁화나무 아래에 가 보면 낱장으로 시들어 떨어진 꽃잎은 하나도 없다. 애초에 피어나던 모양 그대로 모든 꽃잎을 다시 안으로 오므리고 송이째 진다.

꽃을 딸 적마다 느끼는 것이다. 일시에 피어나는 꽃도 없거니와 또 일시에 지는 꽃도 없다. 멀리서 오가며 볼 때 환하던 꽃잎들이 막상 가까이 다가가서 보면 이미 다 시들어 있다. 그렇다고 해서 나무 전체가 다 시들어 있는 것은 또 아니다. 이제 막 지는 꽃잎과 이제 막 만개한 꽃잎, 그리고 이제 막 피어나기 시작하는 꽃잎들이 서로 어우러져 한동안 피었다 지기를 반복한다.

그래서 차를 만들기 위해 따는 꽃잎은 날을 잡아서 하루에 다 따지 못한다. 가장 절정에 이르러 있는 꽃잎만을 선별하여 따다 보면 욕심처럼 그렇게 많은 꽃잎을 딸 수가 없다. 무궁화도 그렇다. 멀리서 보아 이제 막 절정에 이른 것 같아 가까이 다가가 보면 이미 꽃잎이 다 져 버린 경우를 보게 된다. 특히 무궁화는 꽃이 질 때 꽃잎 한 장 한 장이 따로 시들지 않는다. 무궁화는 꽃잎이 나무에서 다 시들어 버린 후에 송이째 지는 꽃이어서 멀리서 보기에 꽃이 핀 것 같아도 막상 가까이서 보면 시든 꽃잎인 경우가 많다. 꽃이 질 때 무궁화나무 아래에 가 보면 낱장으로 시들어 떨어진 꽃잎은 하나도 없다. 애초에 피어나던 모양 그대로 모든 꽃잎을 다시 안으로 오므리고 송이째 진다. 꽃이 필 시기가 되면 수시로 찾아 눈으로 확인하고 그때그때 적당한 양을 채취하여 차를 만드는 게 가장 좋다.

무궁화꽃을 따서 밑동 부분에 혀를 대 보면 단맛이 나는데, 꽃이 가지고 있는 성질은 차가운 편이다. 꽃은 열을 내리고 독을 풀어주는 효능이 있다고 한다. 위장에 염증이 있을 때 차로 우려 마시면 좋고, 이질균 등을 억제하는 효과도 있다.

무궁화꽃차는 가능하면 하얀색 꽃잎만을 채취하여 차를 만드는데, 꽃의 수술 부분은 떼어내고 꽃잎만을 가지고 차를 만든다. 꽃잎이 단단하여 흐르는 물에 여

수술 부분을 제거한 후 꽃잎만으로 만든 무궁화꽃차.

러 번 씻어도 꽃잎이 찢어지는 경우는 드물다. 어느 정도 물기가 마르면 솥에 살짝 쪄 내어 바람이 잘 통하는 그늘에 말리면 되는데, 다 마른 꽃잎 서너 장에 뜨거운 물을 부어 3~4분 정도 우려 마시면 된다.

무궁화의 하얀색 꽃잎은 가장자리 색만이 하얗고 수술과 맞닿는 부분은 분홍빛을 띠는데, 차를 만든 후에도 그 빛깔이 변하지 않는다. 그래서 작은 찻잔에 무궁화 꽃잎 두 장을 띄우면 그 모양이 마치 잠자리 날개 같아서 청명한 가을하늘 아래에서 이 차를 마시면 느낌이 남다르다. 파란 가을하늘 속을 유유히 비행하던 잠자리 한 마리, 문득 내려 앉아 찻잔 안에 잔잔한 파문이 인다.

무궁화하면 퍼뜩 생각나는 것이 우리나라 꽃이다. 태극기가 우리나라 국기인 것처럼 우리나라를 상징하는 꽃이 바로 무궁화인 것이다. 요즘엔 개량종의 무궁화가 많아 꽃의 모양도 여러 가지고 꽃의 색깔도 다양하지만 원래 우리나라 토종의 무궁화꽃은 흰색과 분홍 빛깔을 띠는 것으로 홑꽃을 피우는 것이라고 한다.

우리나라를 상징하는 꽃이면서도 사실 무궁화는 그동안 그에 합당한 대우를 받지 못했다. 진딧물이 많아 울안에 심으면 안 된다느니 꽃가루가 눈에 닿으면 눈병이 생긴다느니 하여 정원 안에 심지 않았을 뿐만 아니라, 어쩌다 눈에 보이는 곳에 심는다 하여도 울타리를 대신하여 심어 놓은 게 태반이어서 무궁화나무가 마음껏 자랄 환경을 애초에 만들어 주지도 않고는 모양새가 예쁘게 자라지 않는다, 무궁화나무는 아름드리로 자라지 못한다 하며 외면하였던 게 사실이다. 이렇듯 무궁화나무가 사람들의 관심 밖으로 밀려나고 천덕꾸러기 신세가 된 것은 과거 일제 치하에서 일제가 우리나라의 민족정기를 훼손하기 위해 일부러 무궁화꽃을 하찮고 보잘것없는 것으로 만들어 낸 결과에서 나온 것이라고 하니 일제로부터 해방된 지가 언젠데, 하는 생각에 참 어처구니가 없다.

하지만 무궁화나무는 오랜 옛날부터 이런저런 약재로 쓰였을 뿐만 아니라 무궁화나무에 진딧물이 많은 것도 따지고 보면 무궁화나무 자체에 독성이 없어 나무가 순한 까닭이라고 한다. 지금은 그래도 무궁화나무에 대해서 꾸준히 연구를 계속하는 사람들이 있어서 분재로까지 키울 수 있을 정도가 되었다고 하니 얼마나 다행한 일인지 모르겠다. 어떤 사람들은 무궁화에 진딧물이 많은 것을 빗대어 과거 우리나라에 외침이 많았던 것과 연관시키기도 하는데, 살펴보면 무궁화보다 더 진딧물이 많은 꽃나무들도 얼마나 많은가.

해마다 봄이면 일본의 국화인 벚꽃이 만개한다. 벚꽃이 필 때면 어림잡아도 서너 개 정도의 전국적인 벚꽃 축제가 해마다 성대하게 치러져 인산인해를 이룬다. 하지만 지금껏 어디에서도 우리나라 국화인 무궁화를 소재로 하여 축제를 한다는 소리는 들은 적이 없다. 물론 벚꽃이 되었건 무궁화꽃이 되었건 꽃은 꽃 그 자체로 즐겨야 한다. 하지만 일본의 국화인 벚꽃은 해마다 성대한 축제를 벌이면서까지 사람들의 시선을 끄는 반면에 정작 우리나라꽃인 무궁화꽃은 국화로서의 대접조차도 제대로 받고 있지 못하는 것 같아 그저 안타까울 따름이다.

Tip 무궁화꽃차 만들기

이제 막 피기 시작한 하얀색 꽃만을 채취한다. 꽃의 수술 부분은 떼어 내고, 꽃잎은 낱장으로 분리하여 물로 깨끗이 씻는다. 증기로 찐 후 그늘에서 바싹 말린다. 꽃잎 두세 장을 찻잔에 얹어 뜨거운 물을 붓고 2~3분 정도 우린 후에 마신다. 말린 꽃잎은 밀폐용기에 담아 냉동 보관한다.

효능

위장염 등에 좋고 대장균, 이질균 등 몸 안의 각종 균을 억제하는 효과가 있다.

자연은 나와 벌레가 함께 쓰는 밥상

차의 재료를 채취하기 위해 식물의 꽃이나 잎을 따다 보면 나보다 먼저 누군가가 다녀간 흔적을 종종 발견하게 된다. 살펴보면 작은 벌레들이 식사한 흔적이다. 어디 다녀간 흔적뿐인가. 꽃이나 잎은 그 자체로 벌레들의 집이 되고 밥이 된다.

벌레시사　문태준

시인이랍시고 종일 하얀 종이만 갉아먹던 나에게

작은 채마밭을 가꾸는 행복이 생겼다

내가 찾고 왕왕 벌레가 찾아

밭은 나와 벌레가 함께 쓰는 밥상이요 모임이 되었다

선비들의 정자(亭子) 모임처럼 그럴듯하게

벌레와 나의 공동 소유인 밭을

벌레시사(詩社)라 불러 주었다

나와 벌레는 한 젖을 먹는 관계요

나와 벌레는 무봉(無縫)의 푸른 구멍을 사랑하기 때문이다

우리의 유일한 노동은 단단한 턱으로

물렁물렁한 구멍을 만드는 일

꽃과 잎과 문장의 숨통을 둥그렇게 터 주는 일

한 올 한 올 다 끄집어내면

환하고 푸르게 흩어지는 그늘의 잎맥들

문태준 시인의 '벌레시시'라는 시를 보면, 밭은 나와 벌레가 함께 쓰는 밥상이요 모임이라는 시구가 있다. 차의 재료를 채취하기 위해 이런저런 식물의 꽃이나 잎을 따다 보면 나보다 먼저 누군가가 다녀간 흔적을 종종 발견하게 된다. 그렇다고 해서 사람의 손을 탄 거 같지는 않고, 살펴보면 작은 벌레들이 식사한 흔적이다. 어디 다녀간 흔적뿐인가. 꽃이나 잎은 그 자체로 벌레들의 집이 되고 벌레들의 밥이 된다. 얼핏 눈에는 잘 보이지 않아도 자세히 살펴보면 꽃잎과 꽃잎 사이나 잎의 뒤쪽에는 어김없이 벌레들이 들러붙어 있는 경우가 많다. 꽃이나 잎에 달라붙어 있는 벌레는 대부분은 채취하면서 흔들어 주면 도망을 가지만 어떤 것들은 그러면 그럴수록 더 깊이 숨는 것들도 있다. 물로 씻어도 떨어지지 않는 것들도 있고, 애초에 사람의 눈에는 보이지 않는 것들도 있다.

차를 만들 때 벌레가 있다는 것은 그러나 한편으로는 위안이 된다. 그만큼 농약이나 다른 오염 물질로부터 차의 재료가 되는 것들이 안전하게 보호되어 있다는 반증이 될 것이기 때문이다. 하지만 벌레가 있는 것을 그냥 차로 만들 수는 없다. 물로 씻어서 없앨 수 있는 것은 없애고, 그렇지 못한 것은 손으로 하나하나 다 잡아 주어야만 한다. 특히 단맛이 강한 꽃이나 잎은 그만큼 벌레들도 많아 사람의 손길을 많이 필요로 한다. 어떤 차는 만드는 과정의 거의 다를 이렇게 벌레를 잡거나 물로 씻는 데 보내는 것들도 있다.

하지만 어쩌겠는가. 시인의 말대로 자연은 나와 벌레가 함께 쓰는 밥상이요 모임인 것을!

달빛을 머금고 피어나는 꽃

달맞이꽃차

하고많은 시간 중에 유독 새벽이라는 이 시간을 골라서 피어나는 꽃이 있다. 달맞이꽃은 아침 해가 뜨기 직전에 피어나는 꽃이 가장 어여쁘다.

이른 새벽이다. 하루 이십사 시간 중에 나는 개인적으로 이 시간이 가장 좋다. 밤이라는 편안한 휴식의 시간을 보내고, 아침이라는 하루를 여는 분주한 시간을 맞이하기에 앞서 잠시 숨을 고르는 시간. 아무 소리도 들리지 않고 아무것도 보이지 않을 것 같지만, 그러나 새벽에는 아무리 작은 소리라도 다 잘 들리고 새벽에는 아무리 작은 것들도 다 잘 보인다. 모르긴 해도 사람의 모든 감각이 가장 깨끗한 상태로 열려 있는 시간이 새벽이라는 이 시간이기 때문일 것이다.

하고많은 시간 중에 유독 새벽이라는 이 시간을 골라서 피어나는 꽃이 있다. 달맞이꽃은 아침 해가 뜨기 직전에 피어나는 꽃이 가장 어여쁘다. 한참 여름이 절정일 때부터 피기 시작하여 보통은 늦가을까지 꽃이 피고 지기를 반복한다. 달맞이꽃은 기다란 줄기를 올리고 줄기 끝마다 여러 송이의 꽃을 피우는데 꽃잎은 다른 색이 전혀 섞이지 않은 노란색이어서 어쩌다 달빛이라도 환한 늦은 밤에 이 꽃을 본다면 달빛과 어우러진 달맞이꽃의 정취에 누구라도 흠뻑 반해 버리고 말 것이다.

어느 나라에서나 달맞이꽃을 바라보는 사람들의 느낌은 다르지 않았나 보다. 중국에서는 이 꽃을 밤에 찾아오는 향기라는 뜻으로 야래향(夜來香)이라고 부르고 일본에서는 우리와 비슷한 이름으로 월견초(月見草)라고 부른다니 말이다. 해가 뜨면 꽃잎을 닫는 성질 때문에 낮에 이 꽃을 보면 꽃잎이 꼭 시든 것처럼 닫혀 있는 것을 볼 수 있는데, 해가 뜨지 않는 날이면 한낮에도 활짝 핀 꽃잎을 볼 수 있다. 달맞이꽃은 열을 내리는 효과가 있어서 감기로 인해 목이 부어 있거나 열이 날 때 좋은 효능이 있다고 한다.

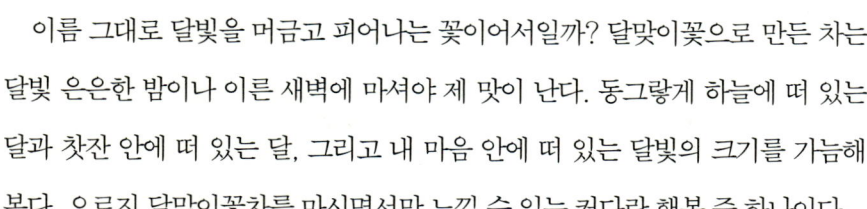

이름 그대로 달빛을 머금고 피어나는 꽃이어서일까? 달맞이꽃으로 만든 차는 달빛 은은한 밤이나 이른 새벽에 마셔야 제 맛이 난다. 동그랗게 하늘에 떠 있는 달과 찻잔 안에 떠 있는 달, 그리고 내 마음 안에 떠 있는 달빛의 크기를 가늠해 본다. 오로지 달맞이꽃차를 마시면서만 느낄 수 있는 커다란 행복 중 하나이다.

 달맞이꽃차 만들기

이른 아침, 활짝 피어난 꽃잎을 채취한다. 꽃잎이 상하지 않게 흐르는 물에 꽃잎을 씻는다. 물기를 말린 후 조리용 철망에 담아 쪄 낸다. 그늘에 바싹 말렸다가 밀폐용기에 담아 냉동 보관한다.

효능

열을 내리게 하고 감기 등의 증상에 좋다.

이유 없이 피는 꽃은 없다

개쑥부쟁이꽃차

이 꽃이 오늘 피어난 것도 헤아려 보면 분명 그럴 만한 어떤 이유가 있겠지 싶다.
하필이면 이 폭우 속에서 환하게 꽃 피어난 그 이유 말이다.

이미 장마는 지났다는데 정작 장마철보다도 더 많은 비가 내리고 있다. 그것도 예고도 없이, 해가 쨍하게 떴다가 느닷없이 폭우가 내리는 식으로 사람을 당황시키는 비가 연일 그칠 줄 모른다. 혹시나 있을지 모를 소나기에 대비하여 우산 하나쯤은 차 안에 두고 다니는 게 습관이 되었으면서도, 막상 갑자기 쏟아지는 소나기라도 만나면 대책이 없는 경우가 많다. 우선은 차를 주차시켜 놓은 장소가 너무 멀리 있는 경우가 많고, 어느 정도 길을 나선 경우라면 우산을 가지러 이미 온 길을 되돌아간다는 것도 우습다.

이른 아침, 이미 중간쯤 산을 오르는데 갑자기 하늘이 새까매지면서 눈앞을 가늠할 수 없을 정도로 많은 양의 폭우가 내린다. 다행히 천둥 벼락을 동반하지는 않았지만, 이렇게 느닷없이 맞닥뜨리는 대책 없이 많은 양의 비는 사람을 두렵게 만든다. 어디로 피할 새도 없이 꼼짝없이 그 비에 온 몸이 다 젖고서야 언제 그랬냐는 듯 금세 하늘이 환해진다. 이 몰골을 하고 계속해서 산에 오르기도 그렇고, 따지고 보니 특별히 목적이 있는 것도 아니어서 오늘은 이쯤 해서 그냥 발길을 돌리기로 한다. 그러고 보니 이른 아침에 맞은 비로 인하여 몸에 으스스 한 기가 돈다. 시간은 짧았지만 내린 비의 양은 적지 않았나 보다. 개울이 금세 물로 차서 물 흐르는 소리가 처음에 산을 오를 때와는 또 다르다.

해마다 이맘때면 산그늘 아래로 개쑥부쟁이꽃이 핀다. 새 다리처럼 가느다란 줄기 위에 연보랏빛으로 피어나는 개쑥부쟁이꽃. 이유는 모르겠으나 이 꽃을 생각하면 나는 항상 잠자리가 동시에 떠오른다. 늘씬하게 생긴 잠자리의 자태와 길쭉하니 시원스럽게 뻗은 이 꽃의 이미지가 서로 닮아서일까?

느닷없이 내린 폭우에 놀란 것이 나 혼자만은 아니었나보다. 이제 막 수줍게 피어나려던 보라색 꽃잎들이 흠뻑 빗물을 머금어 땅에 닿을 듯 고개를 숙이고 있다. 그래 봐야 조금 후면 언제 그랬냐는 듯 다시금 기운을 차리고 하늘을 향해 보랏빛 예쁜 꽃망울들을 환하게 터뜨릴 게 뻔하지만, 우선 당장에는 마음으로 측은함이 인다. 하긴 누가 누구를 측은해 하랴. 비에 흠뻑 젖은 몰골로만 본다면 내가 더하면 더했지 덜하진 않을 성싶다.

그러고 보면 모든 것에는 다 이유가 있을 것 같다. 맑은 하늘에 느닷없이 비가 내리는 것도 미처 우리가 알지 못하는 어떤 이유가 있겠지. 그렇게 생각하니 마음이 한결 너그러워진다. 이미 오래전의 어느 날에 내 가슴 한 편에 심어져 오늘 환하게 꽃을 피워 내는 저 개쑥부쟁이꽃. 이 꽃이 오늘 피어난 것도 헤아려 보면 분명 그럴 만한 어떤 이유가 있겠지 싶다. 하필이면 이 폭우 속에서 환하게 꽃 피어난 그 이유 말이다.

 개쑥부쟁이꽃차 만들기

한 송이씩 꽃잎을 채취하여 흐르는 물에 씻은 다음 증기로 살짝 쪄 내서 그늘에서 말리거나 별도의 작업이 없이 바람이 잘 통하는 그늘에서 꽃잎을 통째로 말린다. 꽃잎을 찌게 되면 꽃잎의 색이 빠지고 꽃 이파리가 말리게 된다. 찻잔에 말린 개쑥부쟁이꽃 한 송이를 넣고 뜨거운 물을 부어 2~3분 정도 우려 마시거나 작은 주전자에 꽃 여러 송이를 넣고 우린 다음 꽃잎은 건져 내고 찻잔에 차만 따라 마신다.

효능
가래를 없애 주고, 식후에 마시면 소화를 돕는다.

이름만으로도 어머니가 그리워

익모초꽃차

몸에 좋은 것은 입에 쓰다고 했다. 익모초를 먹어 보면 그 말이 실감이 나지만, 꽃
대마다 빙 둘러 꽃을 피운 익모초꽃을 보면 먹어보지 않고서는 쓰다는 말이 실감
나지 않는다. 이름자 그대로 익모초는 특히 여성들에게 좋은 약초라고 한다.

옛날 어느 산골에 가난한 어머니와 아들이 어렵게 살고 있었다. 어머니는 아들을 낳고 나서 가난한 살림에 몸조리를 잘못하여 늘 몸이 좋지 않았는데 시간이 지날수록 병이 더 깊어만 갔다. 효성이 지극한 아들은 그런 어머니를 볼 적마다 가슴이 아팠지만 변변한 약 한번 제대로 쓸 수가 없었다.

하루는 근처에 병을 잘 고친다는 의원을 찾아가 어머니가 앓고 있는 병의 증상을 이야기하고 약을 지어 왔다. 어머니는 그 약을 먹자마자 몸이 가뿐해지면서 금세 병이 나을 것 같았지만, 약값이 너무 비싸 계속해서 의원을 찾아가 약을 지어올 수는 없었다. 꾀를 낸 아들은 약값이 얼마가 들어도 좋으니 어머니의 병을 고쳐 달라 하고는 의원의 집 근처에 숨어 의원이 어머니 병을 고치는 데 필요한 약재가 무엇인지 엿보기로 하였다.

밤이 되자 주변을 두리번거리며 집 밖에 나타난 의원은 들에 나가 뭔가를 열심히 캐더니 잠시 후 집으로 돌아갔다. 아들은 얼른 의원이 캔 것이 무엇인가를 살펴 한 뿌리를 캐어 집으로 돌아와 의원이 지어 준 약재와 비교해 보았다. 정확히는 알 수 없었으나 분명 의원이 어머니 약으로 지어 준 것이, 자신이 방금 캐온 약초와 같은 것이 확실하다고 판단한 아들은 다음 날부터 그 약초를 부지런히 캐어 어머니께 달여 먹였다.

과연 그 약초는 어머니의 병에 효험이 있어서 한 달이 채 지나지 않아 어머니의 병은 완전히 나았다. 그러나 아들은 어머니의 생명을 살린 그 약초의 이름이 어떤 건지 정확히 알지 못하여 그 약초의 이름을 어머니에게 도움이 되는 약초라는 뜻의 익모초(益母草)라고 불렀고, 그 후로 익모초는 여성의 산후 몸조리 약으로 널리 쓰이게 되었다.

몸에 좋은 것은 입에 쓰다고 했다. 익모초를 먹어 보면 그 말이 실감이 나지만, 꽃대마다 빙 둘러 꽃을 피운 익모초꽃을 보면 먹어 보지 않고서는 쓰다는 말이 실감 나지 않는다. 이름자 그대로 익모초는 특히 여성에게 좋은 약초라고 한다. 차를 만드는 과정에서 익모초 특유의 쓴 맛이 어느 정도는 사라지지만 그래도 다른 차에 비하면 익모초차는 약간의 쓴맛이 난다.

익모초는 하나의 곧은 줄기에서 여러 개의 가지를 치고, 그 가지마다 잎이 돋는데 잎과 잎 사이의 줄기를 빙 둘러 자줏빛의 꽃이 핀다. 꽃잎은 작고 특별한 향은 없지만, 벌레들이 좋아하여 꽃이나 줄기에 개미들이 많다. 꽃이 피기 전이나 꽃이 핀 직후의 잎과 줄기로 차를 만드는데, 꽃이 다 진 줄기 부분은 억세고 까칠하여 차의 재료로는 피하는 게 좋다. 야트막한 산이나 들에서 잘 자라는데 들에

TiP 익모초꽃차 만들기

익모초 줄기에서 익모초 잎을 분리하여 채취한다. 흐르는 물에 깨끗이 씻은 후 솥에 살짝 덖거나 뜨거운 물에 살짝 데쳐 그늘에서 바싹 말린다. 대나무 채반에 담아 바람이 통하는 서늘한 곳에 보관한다. 뜨거운 물에 말린 잎 두세 장을 약 2~3분 정도 우려 마시거나 작은 주전자에 잎을 넣고 달여 잎은 버리고 차만 따라 마신다.

효능
신장염으로 인해 온몸이 붓고 소변에 피가 섞여 나오는 증상에 좋다. 어혈을 풀어 주며 특히 여성의 자궁에 좋다.

서 자라는 걸 채취할 땐 혹시라도 날아왔을지 모를 농약 성분이나 다른 오염 물질에 주의를 기울여야 한다.

　돈으로 장만하여 뭔가를 해 드리기는 쉬워도 내 손으로 직접 뭔가를 만들어 대접해 드리기는 사실 쉬운 일이 아니다. 어느 특별한 날을 정해 놓고 그날 하루 찾아가 인사를 하는 것보다는, 요즘 같은 계절에 익모초를 구하여 차로 만들어 놓았다가 머잖아 찬바람이 불면 따뜻하게 우려 온 식구가 둘러앉아 수시로 한 잔씩 마시는 게 몸에도 마음에도 훨씬 더 좋을 것이다. 그 가진 이름만으로도 익모초차는 멀리 계신 어머니를 그리워지게 만드는 차다.

진흙 속에서 피어나는 지고지순의 아름다움

연잎차

연꽃을 채취하러 갔다가도 막상 눈앞에 환하게 피어나 있는 연꽃을 마주하면 차마
손을 뻗어 그 꽃을 따기가 여간 마음에 걸리는 게 아니다.

세상에나! 지척에 이토록 아름다운 꽃밭을 두고도 아직까지 단 한 번도 마주친 적이 없었다니, 어쩌면 이럴 수가 있을까? 끝내 믿기지 않아 여러 번을 확인해도 분명 온통 하얗고 분홍빛인 저 꽃들. 산 아래 저수지 한쪽 귀퉁이를 차지한 채 저 할 일은 오로지 꽃을 피우는 일뿐이라는 듯 미동도 없다.

근처 가게에서 음료수 한 병을 사면서 물어 보니 꽤 오래전부터 이곳에 연꽃이 자생하고 있는 것이라고 한다. 특별히 누군가 가꾸는 사람이 있는 것은 아니지만 가게에서도 가깝고 하여 본인이 관리를 겸한다는 말에 연잎 몇 장만 채취해도 되겠냐고 물으니 선뜻 그러라고 한다. 욕심 같으면 활짝 피어난 연꽃 몇 송이 채취하고 싶기도 하지만, 아마 누구라도 그러할 것이다.

연꽃을 채취하러 갔다가도 막상 눈앞에 환하게 피어나 있는 연꽃을 마주하면 차마 손을 뻗어 그 꽃을 따기가 여간 마음에 걸리는 게 아니다. 비단 연꽃뿐만이 아니라 모든 꽃잎이 다 그렇지만 유독 연꽃은 한 송이 채취하기도 마음으로 참 미안하다.

있는 대로 손을 뻗고서도 한참이 모자라 근처 길다란 나뭇가지를 주워 연잎 몇 장 뜯고 나니 그새 연잎에서 나는 특유의 향이 코끝에 진동을 한다. 겉으로 보기에는 잎이 두꺼워 오랜 시간이 지나도 잎이 싱싱할 것 같지만, 생각보다는 잎이 연해서 잎을 채취하고 조금 지나면 금세 말라 시들게 되므로 이왕 차를 만들 거라면 채취하고 나서 가급적이면 빠른 시간 내에 차를 만드는 게 좋다.

채취한 잎을 깨끗이 씻어 대략 5밀리미터 정도의 크기로 잘라 물기를 말린 후 솥에 덖고 말리기를 여러 번 하면 되는데, 살짝 덖어 내면 연잎이 가지고 있는 특유의 향이 살아나게 되고 덖는 과정을 여러 번 반복하게 되면 그만큼 맛은 구수해지지만 연잎이 가지고 있는 향은 줄어들게 되므로 마시는 사람의 취향에 따라 조절하면서 만들면 되겠다.

세상에는 저 할 일을 묵묵히 해내며 오로지 조용한 사람이 있는가 하면, 행동보다는 말이 앞서 소문만 요란한 사람들이 있다. 저의 피어난 자태를 봐 달라고 애써 시끄럽게 떠들지 않아도, 활짝 피어난 연꽃은 얼마나 많은 사람들에게 즐거움과 행복을 안겨 주는가. 속으로 익어 마음으로부터 향이 우러나는 그러한 사람이 되기를 소망해 본다.

TIP ☕ 연잎차 만들기

7월에서 9월 사이에 시들지 않은 싱싱한 연잎을 채취한다. 채취한 연잎의 테두리 부분과 가운데 줄기 부분을 가위나 칼로 잘라 준다. 차로 우려 마시기 적당한 두께와 크기로 가위나 칼을 이용하여 잘라 준다. 흐르는 물에 깨끗이 씻어 물기를 빼고 연잎의 양을 가늠하여 미리 달구어 놓은 솥이나 프라이팬에 덖는다. 채반이나 한지에 널고 손으로 비벼 잎이 뭉치지 않도록 하며 말린다. 마시는 사람의 취향에 따라 덖고 말리기를 서너 번 반복하는데, 덖는 횟수가 많을수록 맛은 구수해지지만 연잎이 가지고 있는 특유의 향은 줄어들게 된다.

효능

고혈압을 비롯하여 각종 성인병 예방에 좋다. 마음을 평안하게 안정시켜 주며 피부미용에도 좋다.

흔들면 작은 종소리가 날 것만 같아

더덕꽃차

야생에서 자라는 식물의 꽃이나 잎으로 차를 만들 때 가장 어려운 점 중 하나는 내가
원하는 바로 그 시기에 차로 만들 재료를 구하는 일이 결코 만만치 않다는 점이다.

야생에서 자라는 식물의 꽃이나 잎으로 차를 만들 때 가장 어려운 점 중 하나는 내가 원하는 바로 그 시기에 차로 만들 재료를 구하는 일이 결코 만만치 않다는 점이다. 사람이 재배하고 가꾸는 것이 재료가 된다면 경우에 따라서는 쉽게 구할 수도 있겠으나, 대부분 야생에서 제멋대로 자라는 것들이기에 제때에 재료를 구하는 일이 생각처럼 쉽지 않다.

보통 산에서 자라는 야생의 더덕을 보면 햇볕이 강한 양지보다는 어느 정도 그늘이 진 음지에서 더 잘 자란다. 워낙 향이 강해서 근처에 한 뿌리만 있어도 더덕 향이 진동을 하고, 걷다가 꼭 뿌리가 아닌 줄기가 우연히 옷깃에 스치기만 해도 잎에서 더덕 냄새가 강하게 난다.

더덕꽃은 작은 종 모양과 흡사하게 생겼다. 색은 보랏빛과 연둣빛이 어우러져 있고, 꽃을 따면 꺾인 줄기 부분에선 하얗게 진액이 흐르는데 마치 더덕을 잘랐을 때 나오는 진액처럼 끈적거린다. 냄새를 맡아 보면 약간 비린 듯하면서도 더덕내가 나는 것을 느낄 수 있는데, 꽃은 단단하게 생긴 외형과는 달리 여리고 약해서 쉽게 시들고 힘주어 잡으면 금세 꽃잎이 찢어진다. 꽃을 따 다듬어 차를 만들어 널면 꽃은 시들면서 진한 보랏빛이 되는데, 이때 냄새를 맡아 보면 더덕내는 나지 않고 비릿한 풀내만 난다.

꽃이 비교적 두꺼운 편이어서 쉽게 마르지 않는다는 약점이 있다. 쉽게 마르지 않는 꽃들은 꽃 자체에 많은 양의 습기를 머금고 있다는 말이 되겠고, 습기를 많이 머금고 있다는 것은 그만큼 쉽게 변질될 소지가 있다는 말과도 같다. 특히 장마철에 차를 말린다는 것은 여간 정성이 들어가는 일이 아니다. 장마철엔 애써

꽃을 채취하는 순간에 이루어지는 꽃과 나와의 교감은 완성된 차를 우려마시는 그 순간까지도 그대로 유효한 것이 된다.

말린 꽃잎도 금세 눅눅해지지 십상이다.

보랏빛 꽃잎과 초록빛 잎새가 어우러진 더덕꽃을 채반에 넌다. 내가 할 수 있는 모든 일을 다 해 놓고 기다리는 일밖에 남아 있지 않을 때 마음은 한없이 조마조마하다. 뜻하지 않은 작은 실수나 우연찮은 사소한 것들에 의해서, 차를 만드는데 최선을 다하고도 정작 내가 원하는 차가 만들어지지 않으면 며칠이고 나는 마음이 아프다.

반대로 내가 생각했던 것 이상의 차가 만들어지면 나는 한없이 기쁘고 행복할

수밖에 없는 것인데, 경험으로 보면 꽃과 내가 하나가 되어 있을 때 좋은 차가 만들어진다. 꽃을 채취하는 그 순간에 이루어지는 꽃과 나와의 교감은 그래서 참으로 중요하다. 나를 믿고 기꺼이 꽃잎을 내어 주는 것과 억지로 훔치듯이 꺾어오는 꽃과는 근본적인 차이가 있다. 차를 만드는 데 있어서 이것은 기술이나 실력의 문제가 아닌 다른 어떤 것의 문제이다.

요즘엔 밭에서도 더덕을 많이 재배하는 편이어서 예전보다는 더덕꽃을 구하는 일이 어렵지 않다고 하지만, 그래도 여전히 더덕꽃은 눈으로 보기에는 귀한 꽃 중의 하나이다. 더덕엔 칼슘, 철, 사포닌 등의 여러 가지 성분이 들어 있어서 기침이 많거나 인후염, 종기 등에 특히 좋은 음식이라고 한다. 이런저런 차를 두고 그 차를 사랑하는 마음이 차의 많고 적음에 따라 가늠이 될 수는 없는 일이겠으나 애써서 구한 꽃잎일수록 마음이 더 머물게 되는 것까지는 차마 어찌하지 못하겠다.

 더덕꽃차 만들기

활짝 피어난 꽃과 잎을 같이 채취하거나 꽃이 피기 전에 잎을 따로 채취한다. 솥에서 살짝 쪄 낸 후 채반에 골고루 펴서 그늘에서 바싹 말린다. 바람이 통하는 선선한 곳에 보관하거나 밀폐용기에 담아 냉장 보관한다. 작은 주전자에 꽃과 잎을 적당량 넣고 우린 후 꽃과 잎은 버리고 찻잔에 차만 따라 마신다.

효능

열을 내리고 가래를 없앤다.

여름꽃과 가을꽃의 자리바꿈

파란 하늘에 흰 구름, 파랑 물감을 풀어 놓은 팔레트에 어쩌다 하얀색 물감 몇 방울 떨어뜨려 놓으면 저런 무늬가 생길까?

태풍이 온다더니만 아니나 다를까 많은 바람이 불고 있다. 아직은 한여름인데 하늘을 보니 꼭 가을하늘 같은 느낌이 든다. 파란 하늘에 흰 구름, 하늘이 정말 그렇다. 파랑 물감을 풀어놓은 팔레트에 어쩌다 하얀색 물감 몇 방울 떨어뜨려 놓으면 저런 무늬가 생길까? 일찍 일어나서 산에 가려고 했는데 몸이 게으름을 피운다. 일어나보니 어느새 한낮이다. 그런데 기분은 너무 좋아져서 괜히 마음이 다 들떠 온다. 이렇게 맑으면서 선선한 바람이 부는 날을 나는 무지 좋아한다. 물론 태풍의 영향으로 바람이 부는 거라지만 아직 비는 내리지 않고 있다.

논에서는 이른 벼들이 벌써 고개를 숙이고 누렇게 익어가고 있는데, 해마다 꼭 이맘때쯤 태풍이 온다. 이번 태풍은 남쪽으로부터 시속 몇 킬로미터, 초속 몇 킬로미터의 속도로 온다는데 그것이 얼마나 빠른 바람의 속도인지 나는 잘 모르겠다. 피부로 느끼지 않으면 실감이 나지 않으니 그저 무지 빠른 속도의 바람이 부나보다 할 뿐이다.

그런데 세상에는 그렇게 부는 바람보다도 더 빠른 것이 있다. 계절은 봄인가 싶으면 어느새 여름이고, 여름인가 싶으면 또 어느새 가을이다. 일 년 내내 얼음으로만 덮여 있는 북극이나 남극에도 사계절은 있다고 그러는데, 모르긴 해도 일 년 내내 하나의 계절만 있는 나라가 있다면 그 나라의 일 년은 참 길 것 같은 생각이 든다. 우리나라는 사계절이 뚜렷해서 어쩌면 시간의 흐름이 눈으로 보이는 것이겠고, 그래서 한 계절이 순환하는 일 년이 지극히 짧고 빠르게 느껴지는 건 아니지 모르겠다.

늦었지만 산에 가봐야겠다. 어떤 꽃들이 피어 있을까? 벌써 가을꽃들이 피어 있을 것 같은 예감이 든다. 어쩌면 여름꽃과 가을꽃들이 서로 어울려 하나의 자리를 놓고 주고받음의 행위를 하고 있을지도 모르는 일이다. 하나하나 눈으로 따서 마음 안에 담아 오고 싶다. 그래서 오늘, 당신에게도 이르게 찾아온 이 가을의 냄새를 전해 드리고 싶다.

포도보다도 향긋한 자줏빛 칡꽃

칡꽃차

한 번에 욕심내어 너무 많은 양을 채취하다 보면 꽃을 다듬는 데 지쳐 더러는 애써 피어난 꽃잎을 버리게 되는 경우도 생긴다. 수시로 적은 양을 채취하여 조금씩 여러 번 만드는 지혜가 필요하다.

휴일에 모처럼 해가 쨍하다. 하루가 멀다 하고 쏟아지는 빗줄기에 감히 산에 오를 엄두를 내지 못하다가 오늘은 이른 아침부터 산행을 서두른다. 워낙 많은 비가 내려서 꽃잎 속에는 어쩌면 아직도 물기가 촉촉할 것이지만 더 이상 뒤로 미루다가는 그나마도 올해에는 칡꽃을 따지 못할지도 모르겠다는 생각이 사람의 마음을 한없이 조급하게 만든다.

한여름이지만 정해진 등산로가 아닌, 산속을 헤집고 다닐 때는 제법 두툼한 바지를 챙겨 입는 것이 좋다. 혹시나 있을지도 모르는 해충으로부터의 공격도 공격이지만 멋대로 뻗어나간 가시덩굴들을 피하는데도 두꺼운 바지는 한결 유리하다. 긴팔을 챙겨 입고 나서는 게 좋지만 워낙 더운 날이라면 최소한 토시 정도라도 꼭 챙겨 가야만 한다.

몇 날 며칠을 내내 비만 내려서 이런 날씨 속에서도 어디 꽃이 피었겠나 했는데 막상 산에 와 보니 이미 활짝 피어난 꽃잎들이 특유의 향으로 온통 곤충들을 유혹하고 서 있다. 무리 지어 피어 있는 칡꽃을 보는 일은 여간 즐겁지가 않다. 밋밋한 산등성이를 온통 뒤덮고 있는 칡덩굴은 꽃송이가 이파리 사이를 비집고 하늘을 향하여 피어난다. 소나무나 참나무를 휘감고 올라가는 칡덩굴은 줄기를 타고 마치 포도송이처럼 줄줄이 피어나는데, 잘 익은 포도보다도 더 향긋한 냄새가 온 산을 휘감는다.

칡꽃은 하나의 송이에 수도 없이 많은 꽃잎이 피고 진다. 그래서 칡꽃을 채취할 때는 송이째 따지 말고, 다소 시간이 걸리고 수고스럽더라도 반드시 꽃잎을 하나하나 따야만 한다. 송이째 꽃잎을 따면 한 송이에서 몇 개의 꽃잎을 채취하

는 걸로 다시는 칡꽃을 볼 수 없게 되지만, 하나하나 꽃잎을 따면 며칠 후에는 그 자리에서 새로이 피어난 꽃잎을 또다시 채취할 수 있다.

모양이 예쁘거나 향이 진한 꽃에는 반드시 이런저런 벌레들이 많이 꼬이게 마련이다. 칡꽃도 예외는 아니다. 크게는 벌이나 나비에서부터 이루 헤아릴 수 없이 많은 종류의 벌레들이 칡꽃을 좋아한다. 채취한 꽃잎은 반드시 벌레를 제거해 주어야만 하는데, 꽃의 수술을 제거하면서 이런저런 이물질들까지 제거해 주고 흐르는 물에 여러 번을 깨끗이 씻어 그늘에서 말린다.

막상 채취할 때는 많은 양의 꽃잎을 딴 것 같아도 꽃잎이 마르는 과정에서 수분이 빠져나가면 그 양이 얼마 되지 않는다. 한 번에 욕심내어 너무 많은 양을 채취하다 보면, 꽃을 다듬는 데 지쳐 더러는 애써 피어난 꽃잎을 버리게 되는 경우

 칡꽃차 만들기

7월에서 8월 사이 이제 막 피어나기 시작하는 싱싱한 칡꽃을 채취한다. 칡꽃은 한 송이에서 꽃잎이 시간차를 두고 수시로 피어나므로 꽃을 채취할 때는 송이째 다 따지 말고 꽃이 피어 있는 부분의 꽃잎만 채취하도록 한다. 꽃잎과 꽃잎 사이에 유독 벌레가 많은 꽃이므로 햇볕이 화창한 날에 채취하도록 하고, 시간이 걸리더라도 꽃잎을 한 장씩 낱장으로 뜯어 내 흐르는 물에 깨끗이 씻는다. 물기를 뺀 후에 채반이나 한지에 널어 그늘에서 바싹 말린다.

효능

칡꽃은 갈증을 해소시켜 주고, 술로 인한 독을 풀어 주며 잃어버린 입맛을 돋우어 준다.

도 생긴다. 수시로 적은 양을 채취하여 조금씩 여러 번 만드는 지혜가 필요하다.

칡꽃을 채취하여 다듬고 차를 만드는 데 꼬박 하루가 갔다. 다시금 비가 오려는지 구름이 오락가락한다. 창을 넘어 들락거리는 바람결 사이로 은은하게 느껴지는 칡꽃 냄새, 가만히 눈을 감으면 마음 안에 온통 자줏빛 칡꽃이 피어 있는 듯 오랜 시간을 두고 그 향이 가시지 않는다.

가을·겨울

눈에 보이는 것만이 전부가 아니다. 한 잔의 차는 때로 사람의 마음에 더 큰 위안과 행복을 안겨 준다. 너와 내가 결코 다르지 않음을, 파란 하늘이 일깨워 주고 있다.

꿋꿋하게 버티고 선 방가지똥 홀씨

너무 바쁘다는 이유로 지금 이 순간 눈으로 볼 수 있는 걸 보지 못한 채 지나치게 되다면, 어쩌면 앞으로도 영원히 우리가 볼 수 있는 건 아무것도 없게 될지도 모르는 일이다.

기억에도 가물가물한 어느 날, 꽤 오래전의 일이다. 그때는 꽃도 이미 진 지 한참 되어서, 기다란 꽃대 끝에 하얗게 매달려 있는 홀씨가 어떤 꽃의 홀씨였는지 도무지 알 수가 없었다. 홀씨 하면 퍼뜩 생각나는 게 민들레다. 민들레도 그렇고 쑥부쟁이도 그렇고, 꽃도 물론 예쁘지만 꽃 진 자리에 동그랗게 매달려 있는 홀씨들도 보면 볼수록 참 예쁘다. 하지만 민들레나 쑥부쟁이는 키가 작은데 당시에 보았던 홀씨는 제법 키가 사람의 허리만큼 컸다. 뭘까? 하루 이틀도 아니고 몇 날 며칠을 그 자리에 꿋꿋하게 버티고 섰는 모양새가 정말 예사로워 보이지 않았었다. 민들레를 보면 알 수 있다. 줄기 끝에 매달린 홀씨들이 처음엔 어느 정도까지 버티어 주다가 일정한 시기가 되면 일순간에 하늘을 향하여 날아가는데 그때 내가 본 홀씨들은 그렇지 않았다.

그 홀씨들을 만날 적마다 나는 사람들에게 꼭 그 홀씨들의 모습을 보여주고 싶었다. 비록 누구 하나 저에게 관심을 기울여 주지 않는다 하여도 오로지 저의 신념만으로 저렇게 꿋꿋할 수 있다니! 그리고 몇 년의 시간이 지났다. 어처구니없게도 나는 이제야 그 꽃의 이름을 알아냈다. 방가지똥. 그렇다, 그 홀씨의 주인 이름이 방가지똥이란다. 너무 흔한 꽃이어서 아마 꽃을 보면 금세 아, 이 꽃, 하고 누구라도 반가워할 수밖에 없는 꽃. 꽃의 빛깔은 노랗고 모양은 민들레와 아주 흡사하다. 크기도 그렇고, 아마도 꽃만 놓고 본다면 민들레와 이 방가지똥꽃을 구분하기가 쉽지 않을 것이다.

집을 오가는 길가에 한때는 이 방가지똥이 지천에 널려 피어 있었는데, 이제는 날이 추워져서 거의 지고 없지만 드물게 한두 송이가 아직 남아서 잠시나마 발길을 멈추게 한다. 가을에도 예쁘게 꽃을 피우는 것들이 있긴 하지만, 아무래도 가을은 씨앗과 열매의 계절이라는 생각이 든다. 일부러 차의 속도를 늦추고 농로를 걷듯이 달리다 보면 가는 곳마다 눈에 띄는 게 이런저런 풀씨와 열매들이다.

바쁘게 산다는 건 좋은 일이다. 하지만 너무 바빠서 볼 수 있는 걸 보지 못한 채 지나치는 건 바람직하지 않다. 몸으로 볼 수 없다면 마음으로라도 느껴 주었으면 좋겠다. 방가지똥. 이 늦은 계절에 자연이 우리에게 주는 또 하나의 선물, 그 작은 홀씨의 이름이다.

아버지가 사 오신 박하사탕의 맛

박하차

박하사탕을 먹을 때 느껴지는 강한 맛과 향은 박하라는 식물의 잎이나 줄기에서
느껴지는 것과 같은 것인데, 워낙 그 향이 강하고 특이하여 예로부터 잎을 따서 차
로 즐겨 마셨다.

살아생전에 아버지는 단것을 무척이나 좋아하셨다. 어쩌다 장에라도 다녀오시는 날이면 사탕 한 봉지쯤 사 오셔서는 빈 용기에 덜어놓고 하나씩 꺼내어 드시곤 했는데, 그때마다 옆에 앉아서 덤으로 하나씩 받아먹는 그 단맛이 나도 얼마나 좋았던지. 아버지가 사 오시는 사탕은 정해져 있어서 십중팔구는 입 안에 넣자마자 목이며 코까지 환해지는 박하사탕인 경우가 많았다. 지금은 사탕도 잘 만들어져서 깨물어도 이에 달라붙지 않고 단맛도 그리 강하지 않지만, 당시만 해도 사탕이라면 굉장히 단단하고 단맛이 강하며 어쩌다 깨물어 씹는다 해도 녹은 사탕이 이에 달라붙어, 어린아이들 같은 경우엔 사탕을 먹다가 흔들리던 이가 빠지는 경우도 많았다.

박하사탕을 먹을 때 느껴지는 강한 맛과 향은 박하라는 식물의 잎이나 줄기에서 느껴지는 것과 같은 것인데, 워낙 그 향이 강하고 특이하여 예로부터 잎을 따서 차로 즐겨 마셨다. 특히 박하에는 소화를 촉진시키는 물질이 들어 있어서 식후에 잎을 우려 차를 마시면 소화가 잘 되고, 여름철에 걸리기 쉬운 배탈이나 식중독 등을 예방할 수 있다고 한다.

8월에서 9월에 줄기를 따라 가지런히 분홍색 꽃이 피는데, 시기에 상관없이 잎을 따서 생잎에 뜨거운 물을 부어 차로 마셔도 좋고 미리 채취해 두었다가 잘 말려서 그 잎을 뜨거운 물에 우려 차로 마셔도 좋다. 진한 초록빛깔로 우러난 차의 색깔이 예쁘고, 차를 마시기도 전에 코끝에 와 닿는 박하 향이 기분을 참으로 상쾌하게 만들어 준다. 감기로 인해 코나 목이 갑갑할 때 마시면 순간적으로 몸과 마음이 상쾌해지는 것을 느낄 수 있다.

박하차는 입 냄새를 제거해 주고 식후에 마시면 소화기능을 도와주는 역할을 한다.

    이제는 곁에 계시지 않아 그렇게 좋아하시던 박하사탕 한 봉지 사드리고 싶어도 사 드릴 수 없는 아버지. 차탁에 놓인 박하차 한 잔에서 오늘은 몹시도 아버지가 그리워져 온다.

    전에 만든 박하차에 비해 최근에 만든 박하차의 향이 많이 떨어진다. 이파리의 색은 전의 것에 비해 더 진한 초록이어서 우러나는 찻물의 빛깔은 더 고운데, 입 안에 감도는 박하 향이 나는 듯 나지 않는 듯 연해진 것이다. 그 사이 박하 잎이 향을 비워 낸 것인지, 아니면 차로 만드는 과정에서 어떤 작은 실수가 결국은

어려서부터 입에 길들여진 야생초차는 나중에는 아이들이 먼저 찾을 정도로, 까다로운 아이들의 입맛에도 잘 맞는다.

그렇게 만든 것인지 지금으로서는 알 수 없는 일이다.

　'한 뱃속에서 나온 새끼도 아롱이다롱이' 라는 말이 있다. 똑같이 만든다고 만들었는데도 결과적으로 똑같지 않게 만들어졌을 때 흔히 쓰는 말이다. 차를 만들다 보면 이 말처럼 분명 똑같이 만든다고 만들었는데도 만들 때마다 차의 모양새나 맛, 향이 조금씩 다를 때가 있다. 물론 차를 만드는 과정에 있어서 경우에 따라서는 일부러 같은 방법을 사용하지 않고 만드는 방법을 각기 달리할 때가 있기는 하다. 좀 더 좋은 차를 만들기 위해서는 이런저런 실험 아닌 실험이 필수이기

224

때문이다.

하지만 같은 방법을 사용하여 차를 만들었는데도 그 결과물이 다르게 나올 땐 참으로 난감하다. 다행히 그 전보다 좋은 차로 만들어졌다면 문제가 되지 않겠으나 오히려 전의 것에 비해 좋지 않게 만들어지면 그 원인을 분석하느라 며칠이고 온 신경이 그쪽으로 쏠려 두통까지 앓게 되는 경우가 허다하다. 만드는 사람은 같은 방법으로 만든다고 하여도 재료를 채취한 시기나 시간에 따라 아마도 조금씩의 차이가 나는 것인가 보다, 하고 그저 짐작할 따름이다.

아이들에게 최근에 만든 박하차를 우려서 주니 전의 것에 비해서는 잘 마신다. 너무 향이 진해서 잘 마시지 않더니 향이 연해지니 비로소 아이들의 입에는 맞나 보다. 나란히 앉아서 차를 마시는 두 아이를 보다가 혼자서 한참을 웃는다. 아롱이다롱이라더니 저렇게 나란히 앉아 차를 마시는 두 아이의 표정이 정말, 어쩌면 저렇게까지 다를까 싶다.

 박하차 만들기

8~9월 꽃이 필 즈음에 박하 잎을 채취한다. 채취한 박하 잎은 흐르는 물에 몇 번이고 깨끗이 씻은 후 미지근한 불로 솥을 달구어 살짝 덖는다. 선풍기나 부채를 이용하여 데친 박하 잎에서 급히 열을 식힌 후 한지에 넣어 그늘에서 바싹 말린다. 찻잔에 말린 박하 잎을 넣은 후 뜨거운 물을 부어 2~3분 정도 우렸다가 마시면 된다.

효능
입 냄새 제거에 좋고 소화기능을 돕는다.

가장 좋은 찻잔

차를 만드는 사람에게는 구태여 정해진 찻잔이 없다. 그럴 수밖에 없는 것이 스스로 만든 차에 어떤 격식을 차리기가 차를 만든 사람으로서는 미안한 일이다.

기본적으로 차를 만드는 사람과 차를 마시는 사람은 차를 접하는 마음가짐에 있어서 다르지 않다는 생각을 한다. 대부분의 사람은 동시에 두 가지 일을 하기가 여간 어려운 게 아니다. 차를 만들다 보면 차를 만드는 일에만도 온 신경이 집중되어서 어느 때는 제 손으로 만든 차도 만들고 나서 한참이나 지난 후에야 비로소 한잔 마시게 되는 경우가 허다하다. 차를 만드는 사람은 좋은 차를 만드는 게 최고의 바람이다. 하지만 그 차가 최고인지 아닌지를 마시고 평가하는 사람은 정작 차를 만든 그 사람이 아니다.

예쁜 찻잔을 보면 욕심이 생겨서 꼭 그 찻잔을 가지고 싶은 마음이 생기는 것이 사실이지만, 차를 만드는 사람에게는 구태여 정해진 찻잔이 없다. 말 그대로 밥그릇에 찻물을 따르면 밥그릇이 찻잔이 되고, 국그릇에 찻물을 따르면 국그릇이 찻잔이 된다. 그럴 수밖에 없는 것이 스스로 만든 차에 어떤 격식을 차리기가 차를 만든 사람으로서는 미안한 일이다.

하지만 차를 마시는 사람은 다르다. 주어진 찻잔에 따라서 차의 맛이 다르다고까지 하니 오죽하겠는가. 그렇다고 해서 너무 형식에 치우쳐 주객이 전도될 정도로 고가의 찻잔을 갖추기만을 바라는 건 옳지 않다고 본다. 차를 즐기기에는 좋은 차를 제대로 즐길 정도의 찻잔이라면 적당하다. 사람에게 가장 좋은 옷이란 그 사람에게 가장 잘 어울리는 옷이다. 아무리 비싸고 좋은 유명 상표의 옷이라고 해도 내 몸에 맞지 않는다면 그 옷이 무슨 소용이 있겠는가. 차와 찻잔도 그와 다르지 않을 거라고 생각한다. 가장 좋은 찻잔은 그 차에 가장 어울리는 찻잔이어야지, 비싸고 이름난 것이 그 기준이 되어서는 안 될 일이다. 물론 하나의 작품으로서 찻잔 그 자체를 즐기기 위해서라면 또 이야기가 달라지겠지만 말이다.

내 차에 가장 어울리는 찻잔은 어떤 찻잔일까? 그래서 문득 내가 만든 차에 어울릴 것 같은 찻잔 하나 만나면 설령 그 잔의 용도가 애초에는 간장종지로 만들어진 것이라고 하여도 나는 그 잔이 이 세상에서 가장 좋은 찻잔으로 보이는 것이다. 그 좋은 찻잔에 좋은 사람들과 어울려 차 한잔 나누는 것만큼 살면서 느낄 수 있는 큰 행복이 또 어디에 있겠는가? 좋은 차, 나쁜 차 그것을 가늠하기에 앞서 차를 만드는 매순간마다 그저 최선을 다하는 것이 우선이라는 생각을 한다.

세상사람 전부가 행복했으면

감국차

밤새 당신에게로 가는 바람결에 꽃잎의 안부를 전해 준다. 당신처럼 마음이 고운
이는 금세 안으로부터 행복이 넘쳐나는 큰 부자가 될 수 있을 것이다.

차를 만들다 보면 새벽까지 훌쩍 시간을 넘기거나 날을 새는 일이 다반사다. 수시로 들락거리며 차가 만들어지고 있는 상태를 눈으로 확인해야만 하니 어쩔 수 없는 일이다. 원래 의심이 많은 사람이 아닌데, 차를 만드는 데 있어서만큼은 일일이 내 눈으로 확인을 해야만 직성이 풀린다. 특히 몽우리 부분이 두꺼운 꽃잎으로 차를 만들 땐 잠든 어린아이 지키듯 잠시도 그 곁을 떠날 수가 없다. 꽃잎은 여린데 몽우리가 두꺼우면 꽃 이파리가 한지에 달라붙는 일이 생긴다. 그러면 나중에 꽃잎을 뗄 때 꽃잎이 찢어지거나 몽우리에서 떨어져서, 귀한 꽃잎을 함부로 다뤄 꽃잎이 상한 것 같아 마음이 편치가 않다.

사람들은 꽃잎 한두 장 정도 가지고 뭘 그러냐고 할지도 모르겠지만, 그 꽃잎 한두 장에 내가 만드는 차의 의미가 들어 있다. 결코 함부로 할 수 없는 부분이다. 수시로 차를 뒤집어 주면서 골고루 마를 수 있도록 도와주어야 하고, 꽃잎이 들러붙지 않게 일일이 자리를 마련해 주어야만 한다.

감국도 다른 꽃잎에 비해서는 몽우리가 두껍고 큰 편에 속한다. 꽃이 잘 마르지 않고 꽃잎이 상하기 쉬운 꽃이라는 말이다. 보통은 차를 하나 만드는데 스무 번 이상의 손이 간다. 단순히 차의 재료를 들었다 놓는 것까지 합한다면 그 이상으로 셀 수 없이 많은 손이 갈 것이다. 사람의 손이 많이 간다고 해서 그것이 좋은 차라고 말할 수는 없겠지만, 이상하게 내가 차를 만드는 방식은 다 손이 많이 가는 방식이다.

감국만 해도 꽃송이 하나하나를 일일이 뒤집는 일이 생각처럼 쉬운 일이 아니다. 대충 한꺼번에 훌훌 뒤집어 주면 되는데도 이상하게 나는 그렇게 하지 못한

230

다. 그건 정말 내가 따온 꽃들에 대한 예의가 아니라는 생각이 든다. 꽃을 들여다보면 그 하나하나가 얼마나 값지고 소중한 것들인가. 어느 땐 감히 바라보기에도 죄스러운 마음이 든다. 하물며 그러한 꽃들을 따서 차로 만드는 데 그만한 수고는 들여야 하지 않겠는가.

감국차가 아직까지는 내가 원하는 대로 잘 말라 주고 있는 것 같아 너무 기쁘다. 신기하게도 이렇게 차 하나 만들어 한지 가득 널고 나면, 잠이 오지 않을 정도로 나는 부자가 된 것 같다. 작디작은 내 몸 안에 일순간 너무 많은 행복이 들어차 버려서, 이 세상천지가 너무 아름다워 보인다.

눈을 감고 마음으로 그려보면 밤을 새워 당신에게 보내는 꽃향기가 느껴질 것이다. 나만 부자가 된다면 지천으로 널려 있는 이 꽃향기가 얼마나 아까운가. 밤새 당신에게로 가는 바람결에 꽃잎의 안부를 전해 준다. 당신처럼 마음이 고운 이는 금세 안으로부터 행복이 넘쳐나는 큰 부자가 될 수 있을 것이다. 세상사람 전부가 행복해져서 마음이 부자인 사람들이 되었으면 참 좋겠다.

TiP ☕ 감국차 만들기

활짝 핀 감국을 채취하여 물로 여러 번 헹군다. 물에 소금을 약간 풀어 뜨겁게 끓인 다음 그 물에 감국을 살짝 데친다. 꽃잎이 상하지 않도록 조심하여 그늘에서 바싹 말린다. 찻잔에 말린 감국을 취향에 따라 넣고 뜨거운 물을 부어 약 2~3분 정도 우린 후에 마신다.

효능
두통, 어지럼증에 좋고 고혈압 등 성인병 예방에 좋으며 입 냄새를 제거한다.

가을 산을 물들이는 샛노란 빛깔

산국차

온 산 온 들마다 샛노랗게 산국의 세상이 열리는 날이면, 나는 우체국에 가고 싶어진다. 작은 상자에 산국을 꼭꼭 눌러 담아 소중한 사람들에게 소포로 보내고 싶어진다. 꽃보다 먼저, 내 마음을 보내고 싶어진다.

혹시나 싶어서 산을 찾는다. 계절적으로 머잖아 산국이 피어날 시기이다. 세상 모든 게 다 그렇듯이 꽃들도 결코 다르지 않아서, 관심을 보이지 않으면 바로 곁에 피어 있어도 그 향기를 느낄 수가 없다. 해가 지날수록 사람들의 발길이 닿지 않은 산은 점점 더 사람의 영역에서 멀어져 가는 것 같다. 작년까지만 해도 작은 오솔길 하나 정도는 있었던 것 같은데, 올해는 그나마도 사람의 발길을 용납하지 않으려는 듯 그 작은 오솔길마저도 사라져 버렸다.

잘리어진 나뭇가지로 급하게 지팡이를 만들어 발아래를 더듬어가며 산길을 오른다. 아직 산국은 피지 않았다. 모든 국화는 생명력이 강한 편인데 산국도 뿌리만 있으면 들이건 산이건 가리지 않고 잘 자란다. 차로 만들 산국은 산에서 따는 게 좋다. 들에 있는 산국에 비해 먼지도 적고 꽃빛도 진하고 향도 강하다.

산에서 자라는 산국에는 들에서 자라는 산국에 비해 벌레가 참 많은데, 특히 이른 아침 바짓가랑이에 이슬을 묻혀 가며 따는 산국엔 벌레들이 더 많다. 그렇게 딴 꽃은 채 이슬이 마르지 않아서 산국에 달라붙어 있는 벌레들도 잘 떨어지지 않는다. 그래서 산국은 해가 쨍쨍한 한낮에 따는 게 좋다. 이 때가 되면 벌레들도 꽃잎 밖으로 나오게 되고, 햇볕에 꽃잎이 말라 쉽게 벌레들을 제거할 수 있다.

같은 종류의 꽃이라고 하여도 그 모양이나 빛깔에 따라 불리는 이름이 다른 경우가 많다. 위낙에 꽃의 종류가 많은 탓도 있겠지만 가을꽃의 대명사인 국화만큼 다양한 이름을 지닌 꽃도 드물 것이다. 꽃의 모양이나 빛깔도 그렇지만 그 크기도 실로 다양하여 어떤 것은 어른의 손바닥만 한 꽃이 있는가 하면 어떤 것은 그야말로 콩알만 한 꽃도 있다. 실제로 국화꽃의 종류 중에서 가장 작은 꽃이 무

산국을 데칠 때 끓는 물에 넣는 소금의 양으로 산국의 향을 어느 정도 조절할 수 있다.

엇인지는 모르겠으나 산국도 크기 면에서는 아주 작은 국화에 들어갈 것이다. 하지만 크기만 작을 뿐 향기만큼은 어느 국화보다도 진하고 강하여 가을날 방 안에 산국 몇 송이만 있어도 금세 가을의 냄새가 진동을 한다.

국화는 두통을 치료하여 사람의 머리를 맑게 해 주는 꽃으로 알려져 있다. 어느 꽃보다도 특유의 향이 강하여 예로부터 차를 만들거나 술로 빚어 즐겼으며 특히 매화, 난초, 대나무와 더불어 사군자 중의 하나로 칭하며 꽃 자체를 아주 귀하게 여겼다.

산국은 꽃송이가 작아 꽃을 채취하는 데 손이 많이 가는 편이다. 줄기 끝에서

여러 송이의 꽃이 무리를 지어 피어나는데, 편한 대로 훑어 내리듯이 꽃을 채취하면 빠르게 많은 양의 꽃을 채취할 수는 있지만, 그렇게 하면 꽃에 줄기나 잎이 달라붙어 나중에 차로 마실 때 모양이 깔끔하지 못하다. 다소 시간이 걸리더라도 꽃 한 송이 한 송이를 정성들여 채취하는 게 중요하다.

산국은 특히 그 향이 강하여 작은 찻잔에 서너 송이만 있어도 차를 즐기기에 충분한데, 꽃에는 약간의 독성이 있어서 그냥 말리지 말고 끓는 물에 살짝 데쳐서 말려야 한다. 산국의 향이 너무 강해서 차로 마시기에 부담스러운 사람은 물에 데칠 때 약간의 소금을 풀면 산국의 강한 향을 어느 정도 줄일 수 있다. 꽃을 딸 때 잎과 줄기를 따로 채취하여 말려 두었다가 족욕을 할 때 넣으면 은은한 국화 향이 몸에 배어 기분이 참으로 상쾌해진다.

비가 오려는지 바람이 심상치 않다. 이 비 멎으면 가을은 그만큼 깊어질 것이다. 산길을 더듬어 내려오는 내내 가을꽃들이 피어나는 웅성거림으로 가슴이 간질간질해져 온다. 하긴 아직 피어날 준비로 분주한 저 꽃송이들은 보이지 않는 곳에서 얼마나 더 가슴 설레고 있겠는가. 보내야만 하는 하나의 계절이 그나마 덜 아쉬운 것은, 그렇다. 떠난 그 자리에 저렇듯 새로운 계절이 금세 피어나기 때문일 것이다.

가을이 익으면, 그래서 온 산 온 들마다 샛노랗게 산국의 세상이 열리는 날이면, 나는 우체국에 가고 싶어진다. 작은 상자에 산국을 꼭꼭 눌러 담아 소중한 사람들에게 소포로 보내고 싶어진다. 꽃보다 먼저, 내 마음을 보내고 싶어진다. 머잖아 다가올 한 해의 끄트머리에서 내가 보낸 하나의 계절이 그렇게 그 사람의 가슴 안에서 서서히 무르익었으면 싶어진다. 국화 향보다도 먼저 그리움으로 다가서는 사람들, 가을이 오면 한 아름 가득 노랗게 피어난 산국 품고서 그리운 사람들에게 꽃내 묻은 안부 한 줌 전하고 싶어진다.

 ## 산국차 만들기

햇볕이 강한 오전 시간대에 꽃잎을 채취한다. 흐르는 물에 깨끗이 씻은 후 약간의 소금을 풀어 미리 끓여 놓은 물에 살짝 데친다. 한지에 널어 수시로 뒤적여 주면서 바싹 말린다. 말린 꽃잎은 밀폐용기에 담아 서늘한 곳에 보관한다. 찻잔에 꽃잎 서너 장을 넣고 2~3분 정도 우려 마시거나, 작은 주전자에 적당량의 꽃잎을 넣은 후 뜨겁게 우려 꽃잎은 건져 내고 찻잔에 차만 따라서 마신다.

효능
두통에 효과가 좋고 입 냄새를 제거한다.

꽃을 두고 다투지 마라

벌이나 다른 곤충들과 꽃을 두고 다투지 마라. 이 말은 철 따라 각기 다른 꽃들을
채취하면서 매번 내가 나에게 하는 다짐의 말이기도 하다.

야트막한 야산으로 산국을 채취하러 가는 발걸음은 항상 가볍다. 온 산 가득 무리 지어 피어있는 노란 산국. 먼빛으로는 먼저 빛깔에 취하고 가까이서는 그 향기에 취한다.

벌들이나 다른 곤충들과 꽃을 두고 다투지 마라. 겨울을 앞두고 환하게 피어나는 산국에는 유독 벌들이 많이 모여든다. 자칫 욕심을 내어 꽃을 채취하다 보면 꽃잎에 앉아 있는 벌들이나 다른 곤충들을 보지 못하고 꽃을 꺾다가 벌에 쏘이거나 곤충에 물리게 되는 경우가 많다. 애초에 꽃은 누구의 것도 아니겠으나 구태여 주인을 찾는다면 꽃은 사람보다는 오히려 벌이나 다른 곤충들의 것에 더 가깝다. 그것은 모든 꽃이 피어나는 모양을 보면 안다.

세상의 모든 꽃들은 곤충들을 유인하기 위한 방향으로 저의 모습을 변화시켜 왔다. 꽃색이 다양한 이유도, 꽃잎이 화려한 이유도, 철 따라 시차를 두고 꽃이 피어나는 이유도 따지고 보면 다 곤충들의 시선을 끌어 종족을 번식하기 위한 저마다의 술책이다. 꽃들과 곤충들 사이에 보이지 않는 모종의 거래가 이루어져 해마다 꽃이 지고 피는 동안에 사람은 그들의 거래에 끼어들 틈새가 없다.

꽃을 채취하다가 이미 나보다 먼저 다른 곤충들이 그 자리에 앉아 꽃들과 모종의 거래를 성사시키고 있는 중이라면 자리를 피해 주는 게 예의다. 그들을 힘으로 쫓아내면서까지 꽃잎을 채취한다는 건 차를 만드는 사람으로서는 결코 있을 수 없는 일이다. 차를 만든다는 건 내가 몸으로 행할 수 있는 사람과 자연에 대한 지극한 사랑의 행위라고 나는 믿는다. 그 사랑의 과정에는 오로지 예쁘고 아름다운 생각과 행동만이 첨가되어야 한다. 욕심과 폭력이 첨가되어서는 제대로 된 차 맛이 나지 않는다.

벌들이나 다른 곤충들과 꽃을 두고 다투지 마라. 이 말은 그래서 철 따라 각기 다른 꽃들을 채취하면서 매번 내가 나에게 하는 다짐의 말이기도 하다.

비타민 C가 풍부한 감나무의 원조

고욤나무잎차

고욤이라고 해서 포도알만한 크기의 열매를 맺는 나무가 있는데 감나무의 원조를 찾는다면 이 나무가 될 것이다. 고욤은 열매의 크기만 작을 뿐 모양과 맛은 감과 똑같다.

사람의 입맛도 집안의 내력인가 보다. 어머니께서는 단맛이 강한 곶감을 좋아하셔서, 해마다 감이 열리는 철이면 몇 부대고 풋감을 장만해 오셔서는 뒤곁 처마 아래에 주렁주렁 널어 말리곤 하셨다. 지금이야 그렇지 않지만 당시만 해도 감이나 다른 먹을거리가 귀하여 감은 깎아 곶감으로 만들었고, 껍질도 버리지 않고 채반에 올려 장독대에 말려서 입이 심심할 때마다 조금씩 꺼내어 먹곤 하였다. 그렇게 말린 곶감은 집에 귀한 손님이 오시거나 특별한 날이 되어야만 하나씩 맛보곤 하였는데, 그때 먹은 곶감의 맛은 정말이지 지금 생각해도 둘이 먹다 하나가 죽어도 모를 정도로 달콤한 것이었다.

이제는 감도 흔하고 곶감도 흔하여 장에만 나가면 언제나 구해 먹을 수 있어서 애써 집 안에서 깎아 말리는 일도 보기 드문 풍경이 되어 버렸지만, 나는 해마다 가을이 오면 감을 따다가 껍질을 깎아 실에 꿰어 베란다에 말린다. 바람이 잘 통하는 시골집도 아니고 꽉 막힌 아파트의 베란다에서 감을 말려 곶감을 만들기가 결코 쉬운 일은 아니지만, 그것도 해마다 만들다 보니 나름대로 노하우가 생겨 이제는 그런대로 곶감의 모양새와 맛이 난다.

베란다의 끝과 끝에 길게 줄을 연결하여 두고 일정한 간격으로 실에 꿴 깎은 감을 매달아 두면 보통 보름에서 한 달 정도면 떫은맛이 가시고 하나씩 따서 먹을 수 있는 정도는 된다. 그렇게 걸어두고 익을 적마다 하나씩 따서 먹다 보면 계절도 어느새 겨울이 깊어간다.

모든 과일이 그렇지만 감도 애초에는 지금의 모양과 크기가 아니었다. 고욤이라고 해서 포도알만 한 크기의 열매를 맺는 나무가 있는데 감나무의 원조를 찾는

감나무 잎에 비해 훨씬 더 많은 영양소가 함유되어 있는 고욤나무 잎.

다면 이 나무가 될 것이다. 고욤은 열매의 크기만 작을 뿐 모양과 맛은 감과 똑같다. 애초에는 고욤만을 생산해 냈던 나무에 사람들이 오랜 세월을 두고 이런저런 실험을 하여 자신들의 입맛에 맞게 개량해 낸 것이 말하자면 요즘의 감나무인 것이다. 그 결과 비록 열매는 탐스러울 정도로 커지고 그 맛도 좋아졌다고는 하지만 애초에 그 나무가 가지고 있는 성질만은 원래보다 못하게 되었다. 감잎에는 비타민C가 풍부하다고들 하지만 감나무의 원조 격인 고욤나무보다는 아무래도

뒤처진다.

감잎차라고 하면 흔히 감잎으로 만드는 차로 알고들 있지만, 그런 이유에서 사실은 감잎차라고 하면 감나무 잎이 아닌 고욤나무 잎으로 만든 차여야 한다. 요즘엔 깊은 산중이 아니면 쉽게 눈에 띄지 않을 정도로 다 베어졌지만 어쩌다 산속에서 고욤나무 한 그루 만나면 그렇게 반가울 수가 없다. 보기보다는 잎이 여린 편이어서 차로 만들기가 쉽지 않은데, 특히 고욤나무 잎에 많이 들어 있는 비타민C는 열에 약해서 고온에서 쉽게 파괴되는 성질이 있다.

채취한 고욤나무 잎을 쪄서 그늘에서 말렸다가 차로 우려 마시면 되는데 영양분이 상하지 않을 정도로만 살짝 쪄 내는 게 중요하다. 차를 우릴 때도 너무 뜨거운 물에 우리지 말고 물을 끓였다가 다소 시간이 걸리더라도 그 물이 어느 정도 식었을 때 마른 잎을 넣고 장시간 우리는 게 좋다. 차는 연한 갈색으로 우러나는데 맛은 곶감의 구수한 단맛이 난다. 고욤나무잎차를 만들어 두었다가 늦가을부터 겨울 내내 마시면 특히 감기 예방에 좋다고 한다.

어느 해 늦겨울의 일이다. 베란다 밖에서 까치 소리가 요란하여 내다보니 닫힌 창 밖에서 까치 한 마리가 난간에 매달린 채 들어오지 못하고 요란하게 울고 있었다. 먹을 것이 귀한 겨울철이라 주렁주렁 열린 곶감을 보고 제 딴에는 들어오려고 했던 것인데 창이 가로막아 들어올 수 없었던 모양이다. 곧바로 창을 열어놓고 다시금 까치가 오기를 며칠이고 기다렸으나, 그 후로는 베란다 난간에서 더 이상 까치 소리를 듣지 못하였다. 까치밥이라고 해서 감을 추수할 때에도 나무에 매달린 감 전체를 다 따지 않고, 겨울을 나는 배고픈 짐승들의 몫까지 챙겨 남겨 두었던 어른들의 마음 씀씀이가 과연 얼마나 소중하고 값진 것인지 깨닫는 순간이었다.

모르긴 해도 무사히 그 겨울을 잘 견디고, 까치는 지금쯤 한 가정을 이루어 행복하게 잘 살고 있을 것이라고 믿는다.

 ### 고욤나무잎차 만들기

햇볕이 강한 오전 시간대에 고욤나무 잎을 채취한다. 적당한 크기로 잘라 깨끗이 손질한 후 뜨거운 물에 얼른 데쳐 내거나, 솥에 얼른 쪄 낸다. 너무 오래 데치거나 찌게 되면 고욤나무 잎이 가지고 있는 영양소가 뜨거운 열에 다 파괴되어 버린다. 선풍기나 부채를 이용하여 얼른 열을 식혀 준다. 그늘에서 바싹 말린 후 바람이 잘 통하는 서늘한 곳에 보관한다. 뜨겁게 끓인 물을 약간 식혀 그 물에 말린 고욤나무 잎을 우려 차로 마신다.

효능
감기 예방에 좋고 특히 체질적으로 설사가 잦은 사람에게 좋다.

애써 가꾸고 비워 낸
들판의 노고

비어 있는 들판은 없다. 눈에 보이지 않는다고 하여 아무것도 존재하지 않는 것은
아니다. 들여다보면 그 안에도 온갖 새로운 생명들이 살아 꿈틀거리고 있다.

생각해 보면 빈들이라는 표현은 맞지 않는다. 빈들은 들이 비어 있다는 말인데 들이 비어 있다는 표현은 그저 사람이 갖는 하나의 느낌일 뿐, 들의 입장에서 본다면 들은 어느 한 순간도 자신을 비워 놓은 적이 없을 테니 말이다. 추수가 끝난 가을 들녘 너머로 한창 가을꽃들이 타고난 자태를 뽐내고 서있다. 사람의 눈에는 해마다 마냥 똑같은 꽃처럼 보여도 자세히 살펴보면 해마다 피어나는 꽃에도 조금씩의 차이는 있다. 올해 피어나는 산국은 여느 해에 비해 그 송이의 크기가 작다. 꽃빛이나 향은 변함이 없는데 꽃송이가 작고 꽃에 유독 많은 벌레들이 꼬여 있다.

모든 것이 다 그렇지만 꽃도 송이가 작은 것은 차로 만들기가 힘이 든다. 가뜩이나 산국은 꽃이 작은 종류에 속하는데, 그 작은 꽃이 더 작아져서 채취하는 과정에서부터 만만치가 않다. 이런저런 원인을 생각해 보지만 특별한 답을 찾을 길이 없다. 주변을 살펴보니 작년까지만 해도 눈에 잘 띄지 않았던 돼지감자꽃이 군락을 이루어 자라고 있다. 돼지감자꽃은 키가 사람의 키만큼이나 크게 자라나는 식물이다. 잎도 넓고 꽃도 들꽃에 비해서는 비교적 큰 크기에 속한다. 어쩌면 돼지감자꽃과의 경쟁에서 산국이 밀려난 것이 한 이유가 되었을지도 모르겠다. 경쟁까지는 아니었다고 해도 어떤 식으로든 산국에게 최소한의 영향을 미쳤을 것이라고 여겨진다.

잠깐 산국을 채취하는 사이에 서너 마리의 뱀이 눈에 띈다. 이것도 여느 해에는 쉽게 볼 수 없었던 일이다. 발밑마다 작은 숲을 이루어 멋대로 자라나 있는 잡목들과 풀잎들. 어쩌면 이것들도 산국이 작은 꽃을 피우는 데 영향력을 행사했을

지 모르겠다. 국화 종류의 꽃은 자그마한 키에 옆으로 줄기가 뻗어야 꽃이 예쁘게 피는 법인데, 훌쩍 웃자란 키에 듬성듬성 피어난 작은 크기의 꽃송이들이 지난 계절이 결코 만만치 않았음을 웅변해 주고 있는 것만 같다.

어느 정도의 산국을 채취한 후에 추수를 갓 끝낸 들녘을 걷는다. 이제 막 추수를 마친 들에서는 뭐라 설명할 수 없는 복합적인 느낌의 냄새가 난다. 풋풋하니 싱그러운 풀내 같기도 하고, 넉넉하니 여유로운 흙내 같기도 하다. 그래, 다시 생각해보면 빈들이라는 표현은 맞는 것인지도 모르겠다. 비어 있는 들판이 아니라 비워 낸 들판으로 그 뜻을 바꿔 생각해 본다. 애써 가꾸어 낸 곡식들, 비워 낸 들판의 노고가 이 계절에 너무도 감사하게 다가온다.

화룡점정의 마음으로 차를 만든다

하루하루 나는 내가 할 수 있는 최선을 다하여 마음의 벽에 벽화를 그리는 심정으로 차를 만든다. 그 미완의 벽화에 마침내 완성된 하나의 점을 찍는 일, 그러나 그 일은 내가 사랑하는 당신의 몫이다.

중국 남북조 시대 양나라에 장승요라는 화가가 있었다. 그는 그림을 어찌나 잘 그렸는지 그가 그림을 그리면 그림 속의 사물이 마치 실제로 살아 움직이는 것처럼 느껴지곤 했는데, 어느 날 금릉 안락사 벽에 한 쌍의 용 그림을 그리게 되었다. 한 쌍의 용은 두 마리가 서로 몸을 섞으며 금방이라도 하늘을 박차고 오를 듯 강한 생명력이 느껴졌는데, 이상하게 그림 속의 용에는 눈동자가 그려져 있지 않았다. 사람들은 그 까닭이 궁금하여 장승요에게 용의 그림에 눈동자를 그려 넣지 않은 이유를 물었다. 장승요는 처음에는 말을 하지 않다가 사람들의 집요한 질문에 마침내 입을 열었는데, 그림 속의 용에 눈동자를 그려 넣으면 용이 벽을 뚫고 하늘로 날아가 버릴 것이기 때문에 그림에 눈동자를 그려 넣지 않은 것이라고 대답하였다. 하지만 사람들이 그의 말을 믿지 않고, 그림 속의 용에게 눈동자를 그려 넣어 달라고 졸라 댔다.

장승요는 사람들의 강요에 못 이겨 마침내 붓에 먹물을 찍어 한 마리의 용 그림에 눈동자를 찍어 주었다. 그 순간 벽 속에서 천둥 번개가 일며 눈동자가 찍혀진 용이 벽을 박차고 하늘을 향해 날아가 버렸고, 벽에는 아직 눈동자가 찍혀지지 않은 용 한 마리만이 남아 있을 뿐이었다. 이로부터 화룡점정이라는 말이 생기게 되었는데, 화룡점정이란 전체적으로 가장 중요한 한 부분을 일컬을 때 쓰는 말이 되었다.

차를 접하다 보면 차의 재료를 채취하는 순간부터 씻고 다듬고 가공하고 말리며 결국 완성된 차를 우려 마시게 되는 그 순간까지 어느 과정 하나 만만한 게 없다는 것을 새삼 느끼게 된다. 차의 재료를 채취하는 그 순간부터 완성된 차를 우려 마시기까지, 차를 만드는 사람에게 있어서는 어찌 보면 매 순간이 화룡점정의 순간이 되는 것이다. 차를 만드는 과정에 있어서 매 순간마다 최고의 정성을 다하는 것처럼, 가능하면 나는 내가 만든 차를 최고의 정성으로 우려 내어 내가 사랑하는 사람이 즐거운 마음으로 그 차를 마실 수 있도록 해 주고 싶다.

내가 마신 차 중에서 가장 즐겁고 행복했던 차를 나는 기억한다. 평생에 언제 다시 그러한 차를 마시게 될지 알 수 없는 일이겠으나, 그러나 그 한 번의 차만으로도 이미 나는 충분히 지극한 행복을 얻었다.

원하는 가장 소중한 것을 얻었거나 간절히 뜻하는 바를 이룬 것을 입안(入眼)이라고 한다. 차를 만드는 사람에게 가장 간절한 소망은 무엇일까? 그것은 내가 만든 차를 내가 사랑하는 사람이 가장 즐거운 마음의 상태로 마셔 주며 기꺼이 행복해하는 일이다. 하루하루 나는 내가 할 수 있는 최선을 다하여 마음의 벽에 벽화를 그리는 심정으로 차를 만든다. 그 미완의 벽화에 마침내 완성된 하나의 점을 찍는 일, 그러나 그 일은 내가 사랑하는 당신의 몫이다. 좋은 차라는 것은, 그래서 차를 만드는 사람과 차를 마시는 사람의 마음이 하나가 되어 서로 통하여 있을 때 비로소 그 진정한 가치가 드러나게 되는 법이다.

아이들에게 남겨 주고 싶은 것

추억을 나눈다는 것은 각자 개개인에게 주어진 시간을 나눈다는 것이다. 우리에게 주어진 지금의 이 작은 순간순간들이야말로 나의 아이들에게 내가 이 세상에서 남겨 주고 싶은 가장 값지고 소중한 선물이다.

둘째아이를 낳고 얼마 지나지 않아서의 일이다. 아이를 낳고 키우다 보면 누구나 한 번쯤 고민해보는 일이겠지만, 어떤 일을 계기로 이 아이들에 대해서 심각하게 생각했던 적이 있었다. 아빠로서 장래 이 아이들에게 뭔가 가장 소중한 것 하나쯤은 남겨 주고 싶은데, 과연 내가 이 아이들을 위하여 아이들 몫으로 남겨줄 수 있는 것이 뭐가 있을까?

오랜 고민의 시간에도 불구하고 쉽게 아이들에게 남겨 줄 수 있는 것을 나는 찾을 수 없었다. 월급생활을 하면서 아무리 안 쓰고 평생을 모은다고 해도 부자 소리를 들을 수 있을 정도의 재산을 물려줄 수 있을 것 같지는 않고, 남들보다 뛰어난 삶의 지혜를 지니고 있어서 그것을 아이들에게 평생의 재산을 삼도록 물려줄 수도 없는 노릇이고…….

몇 날 며칠을 나름대로 심각하게 고민하여 내린 결론이 아빠로서 나는 우리 아이들에게 평생을 간직하고 살아갈 소중한 추억을 많이 남겨 주자는 것이었다. 추억이라고 해서 무슨 거창한 것이 아니라, 훗날 아이들이 아빠를 기억할 때 웃으며 즐거워할 수 있는 것이라면 다 소중한 추억거리가 될 수 있지 않겠는가?

아이들이 바라보는 세상과 어른이 되어 어른의 눈으로 바라보는 세상은 확연히 다르다. 철 따라 시간을 내어 아이들과 같이 계절에 어울리는 산과 들을 찾는데, 아이들과 같이 들에 나가고 아이들과 같이 산에 오르는 그 시간을 아이들은 어른이 생각하는 것 이상으로 너무나 좋아한다. 목적했던 들 한 바퀴를 다 돌지 않아도 좋고, 마음에 두었던 산 정상을 끝내 오르지 못하면 어떠한가. 논두렁이면 논두렁, 밭두렁이면 밭두렁, 산기슭이면 산기슭 어느 한 지점에서 아이와 내가 같은 사물을 보며 같은 이야기를 나눈다는 그것처럼 행복한 일이 또 있을까.

추억을 나눈다는 것은 각자 개개인에게 주어진 소중한 시간들을 나누는 것이라고 생각한다. 오래고 오랜 시간이 지난 어느 날에 이제는 다 커 버린 내 아이들이 문득 지구의 한 편을 거닐다가 우연히 눈에 익는 풀 한 포기 발견한다면, 그래서 그것을 계기로 아이의 작은 가슴 안에서 오늘 아빠와 함께했던 이 순간이 더없이 아름답고 소중한 순간으로 기억된다면, 더 이상 나는 바랄 것이 없을 것 같다. 생각해보면 지금의 이 작은 순간순간들이 나의 아이들에게 내가 이 세상에서 남겨 주고 싶은 가장 값지고 소중한 선물들이다.

여름날 베면 마음까지 시원해

매실 씨 베개

씨앗에서 매실의 살점을 다 발라내는 일이 생각처럼 그렇게 쉬운 일은 아니다. 거친 시멘트 바닥에 매실을 올려놓고 두꺼운 장갑을 낀 손으로 박박 문지르는 게 그나마 쉬운 방법이라면 방법일까?

뭔가 귀하고 값진 것을 이야기할 때 뭐 하나 버릴 것이 없다는 식으로 표현을 한다. 뭐 하나 버릴 것이 없다는 말은 그것이 두루두루 긴요하게 쓰이기도 하다는 말이지만, 그것이 사시사철 주변에서 쉽게 구할 수 없는 것이어서 아껴야만 함을 강조할 때도 마찬가지로 쓰이는 말이다.

청매실을 구하여 설탕과 매실을 일대일의 비율로 재웠다가 매실의 원액을 뽑고 난 매실로는 매실주를 만든다. 매실주를 만드는 무슨 특별한 비법이 있는 것은 아니고, 매실의 원액을 다른 용기에 걸러 낸 후에 매실이 남아 있는 용기에 과실주 전용 소주를 매실의 양에 비례하여 부어 놓으면 된다. 밀봉한 상태로 두세 달 후면 향이 좋은 매실주를 얻을 수 있는데, 바로 마셔도 되지만 매실을 건져 내고 술만 따로 여러 날 숙성을 시켰다가 마시면 맛과 향이 더 좋은 매실주를 즐길수가 있다.

그렇게 매실 원액과 술까지 얻고도 매번 그냥 버리는 매실이 아까워 이걸로 뭘 할 수 있는 게 없을까 궁리하다가 매실의 씨앗으로 베개를 만들어 보기로 하였다. 과실을 다 발라 내고 남아 있는 씨앗은 그 크기도 적당하려니와 더운 여름날에 베고 잔다면 어쩌면 머릿속도 상쾌해질 것 같은 느낌이 든다. 하지만 씨앗에서 매실의 살점을 다 발라내는 일이 생각처럼 그렇게 쉬운 일은 아니다. 거친 시멘트 바닥에 매실을 올려놓고, 두꺼운 장갑을 낀 손으로 박박 문지르는 게 그나마 쉬운 방법이라면 방법일까? 멋모르고 맨손으로 씨앗을 문질렀다가 손가락마다마다 크고 작은 상처로 한바탕 홍역을 치르고 나서야 얻은 값진 교훈이다.

매실의 씨앗은 복숭아 씨앗처럼 겉이 울퉁불퉁한 편인데 가급적이면 그 사이 사이에 끼어 있는 살점들까지 다 씻겨 나가도록 꼼꼼히 손질을 해야만 한다. 그 래야 나중에 남아 있는 살점들에 곰팡이가 스는 것을 방지할 수 있다. 깨끗이 다 듬은 씨앗은 햇볕에 바싹 말렸다가 더러 끝이 뾰족한 것들이 있으면 둥글게 다듬 은 상태로 베갯속을 채우고, 적당한 색상과 재질의 천으로 커버를 만들어 씌우면 훌륭한 매실 씨 베개가 완성이 된다.

매실 씨는 눈의 피로를 풀어 주어 눈을 밝게 하여 주고, 처진 기운을 되살려 주는 효과가 있다고 하며, 머리나 몸에 땀이 많아 잠을 자면서 베개가 흥건할 정 도로 땀을 흘리는 사람에게도 좋은 효과가 있다고 한다.

매실 씨를 발라 낼 때 한 가지 신경 써야 할 점은 가능하면 씨앗을 손질하는 시기로 여름을 피해 주었으면 하는 것인데, 여름에 매실 씨를 손질하여 말리다 보면 매실 특유의 시큼한 냄새에 끌려 벌레들이 많이 모여들 수 있기 때문이다.

TiP ☕ 매실 씨 베개 만들기

매실에서 씨만을 발라 내어, 씨에 달라붙어 있는 살점들을 모두 제거한다. 남아 있는 살점 들을 제거할 때는 두꺼운 장갑을 끼고 거친 시멘트 바닥에 문지르면 쉽게 제거된다. 씨 속 까지 완전히 마를 수 있도록 오랜 시간 햇볕에 바싹 말린다. 씨 끝의 뾰족한 부분을 가위 로 잘라 내고 적당량을 베갯속에 넣고 마무리한 후 커버를 만들어 씌운다.

효능
매실 씨 베개는 잠잘 때 땀을 많이 흘리는 사람에게 좋고 눈의 피로를 풀어 주며 기운을 돋우어 준다.

우리면 우릴수록 깊은 향

생강차

차로 만들 생강은 가능하면 햇것이 좋다. 사람마다 입에 맞는 맛이 다르니 꼭 어떤 맛이 좋다고 말할 수는 없겠지만, 햇생강은 우선 생강 특유의 매운맛이 덜하다.

오늘은 하루 종일 겨우내 마실 생강차를 만들었다. 나와 내가 사랑하는 사람들이 더불어 나누어 마실 생강차. 생강을 진작 사다가 베란다에 모셔 놓고는 뭐가 그리 바쁜지 차일피일하다가 결국 오늘까지 오게 되었다.

차로 만들 생강은 가능하면 햇것이 좋다. 사람마다 입에 맞는 맛이 다르니 꼭 어떤 맛이 좋다고 말할 수는 없겠지만, 햇생강은 우선 생강 특유의 매운맛이 덜하다. 묵은 생강은 어느 정도 말라서 딱딱하고 겉껍질이 더러 벗겨져 있는 경우가 많은데 냄새를 맡아 보면 지난 생강은 매운 향이 강하게 난다. 하지만 햇생강은 그렇지 않다. 우선 수분이 아직 빠져나가지 않아서 모양새가 아주 통통해 보이고 껍질을 벗겨 보면 싱싱한 배 껍질을 벗길 때처럼 물기가 흐르는 것이 눈에 보인다.

아는 분 중에 생강 농사를 짓는 분이 계셔서 그분 말씀을 들어 보니 생강 농사를 짓고 나면 대부분 지하 10미터 정도의 굴에 그 해에 수확한 생강을 보관한다고 한다. 한꺼번에 너무 많은 양이 시장에 나오면 가격이 맞지 않으니까 그렇게 보관해 놓았다가 시장의 값을 봐가면서 출하를 하는 거라는데, 그래서 보통 우리가 먹는 생강은 햇것이 아닌 지난해의 것인 경우가 많다는 거다.

그냥 통생강으로 있을 때는 양이 많은 것처럼 보여도 막상 차로 만들어 놓으면 말라서 양이 절반 정도로 줄어들게 된다. 생강으로 차를 만드는 방법은 여러 가지가 있는데 오늘은 특별히 쪄서 말리는 방법으로 만들어 봤다. 우선 싱싱한 생강의 껍질을 벗겨 흐르는 물에 깨끗이 씻어 얇게 칼로 썰어야 되는데 칼로 썰 때 생강이 너무 얇으면 말리는 과정에서 한지나 채반에 들러붙게 되고 반대로 생

강이 너무 두꺼우면 잘 마르지 않게 된다.

'적당히' 라는 말처럼 애매한 표현이 없겠지만 차를 만들다 보면 이 '적당히' 라는 말을 많이 쓰게 된다. 차를 만들다 보면 정해진 어떤 규칙보다는 그때그때의 경험에 의존해야 하는 경우가 더 많다는 말이다. 생강도 대략 2~3밀리미터 정도의 적당한 두께로 써는 게 중요하다. 그래야 잘 마르고 차로 우려도 보기 좋은 모양새가 된다.

찜통에 삼베 보자기를 깔고 그 위에 예쁘게 썬 생강을 담아 찌는데, 육안으로 보아 생강이 진한 노란색으로 보일 때까지 쪄 내면 된다. 그렇게 찐 생강을 한지에 널어 사나흘 정도 말리면 비로소 생강차가 완성된다. 그렇게 말린 생강을 작은 주전자에 넣고 오랜 시간 우려내어 그 우린 물에 꿀이나 설탕을 타 마시거나, 말린 생강을 가루로 내어 뜨거운 물에 꿀과 같이 타서 마시면 된다. 생강차는 생각만 해도 몸이 후끈 달아오르며 얼굴에 열이 나는 것 같아지는데, 생강차는 특히 몸살감기에 참 좋은 차로 알려져 있다.

벌써 몇 년 전의 일인데 남해 금산에 간 적이 있었다. 새해 첫날 해돋이를 보려고 했던 것인데, 날이 얼마나 추웠는지 모른다. 결국 밀려든 인파에 해돋이는 보지 못했지만, 혹시나 싶어서 그날 보온병에 타 가져간 차가 생강차였다. 가만히 서 있기만 해도 온 몸이 덜덜 떨리는 추위 속에서 따끈한 생강차 한잔으로 몸과 마음이 얼마나 따뜻했던지 새삼 그때의 기억이 새롭다.

한 가지의 차를 만들고 나면 한동안은 머릿속에 온통 그 차 생각뿐이다. 구태여 차를 마시지 않아도 몸과 마음이 얼마나 행복한지 모른다. 차를 만드는 일은

생강을 얇게 썰어 솥에 찐 후 한지나 채반에 넣어 바싹 말린다.

사랑을 빚는 일이라고 나는 감히 말하곤 한다. 사랑의 감정이 없이는 제대로 된 차를 만들지 못한다. 어느새 가을도 서서히 막을 내리고 있다. 우리면 우릴수록 향이 깊어지는 한잔의 생강차처럼 생각하면 할수록 사람의 가슴을 훈훈하게 적셔 주는, 나도 누군가에게 그런 사람이 되고 싶다.

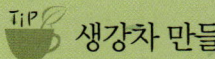

생강차 만들기

싱싱한 생강을 구한다. 껍질을 벗긴 후 칼로 얇게 썬다. 생강의 색깔이 샛노랗게 변할 때까지 솥에 찐다. 뜨거운 김이 가신 후 채반에 널어 그늘에서 바싹 말린다. 말린 생강은 밀폐용기에 담아 보관한다. 작은 주전자에 적당량의 생강을 담아 뜨겁게 끓여 생강은 건져 내고 찻잔에 차만 따라 마신다.

효능

소화불량 등에 좋은 효과가 있고, 초기 감기에 달여 마시면 좋다.

당신이 즐거우니
덩달아 나도 즐겁다

내가 만든 차 속에 깃들어 있는 눈에 보이지 않는 것들까지 무난히 품어 안아 줄 수 있는 그런 상자가 있었으면 좋겠다. 그래서 뚜껑을 열면 철 따라 살구꽃이 흩날리고 오디가 익어가며 산국내가 은은하게 피어오르는, 그런 상자.

나라는 사람이 이렇다. 경우에 따라서는 지나치게 까탈스러울 정도로 뭐 하나를 해도 대충이라는 것을 모른다. 벌써 여러 날째 상자 만드는 법을 공부하고 있다. 지난번에 다량으로 구입해 놓았던 상자들을 거의 다 써가고 있어서 미리 준비해 놓지 않으면 막상 필요할 때 애를 먹겠기에 미리 몇 개라도 만들어 놓을 요량이다.

돈을 주고 사는 것인데도 요즘엔 상자 구하기가 쉽지 않다. 크기가 적당하다 싶으면 모양이 별로고, 모양이 마음에 든다 싶으면 크기가 너무 크거나 너무 작아서 차를 담기엔 어딘지 부족해 보인다. 알아보니 종이로 만드는 상자의 대부분은 중국에서 수입해 오는 것이라고 한다. 우리나라에서 직접 만들면 가격을 맞출 수가 없어서 차라리 수입을 해서 쓰는 게 가격 면에서 더 저렴하다고 한다.

요즘 상자는 규격별로 세트를 이루는 경우가 많아서 내가 원하는 크기의 상자만을 구한다는 것은 더 어려운 일이 되었다. 생각다 못해 한지공예 하는 곳에 가서 수작업으로 만드는 상자를 주문해 봤는데, 한지의 질감도 좋고 모양이나 크기도 손으로 만들면 원하는 대로 조절이 가능한 것이어서 여러모로 마음에 와 닿았다. 값은 좀 비싸지만 그 때문에 일부러 흥정하지 않았다. 모든 것이 다 그렇다. 사람의 손으로 만드는 것은 그것이 무엇이건 돈으로 계산되는 것이 아니다. 얼마를 부르건 그 값을 다 지불하고 싶었다.

일단 백여 개를 주문하고 잔뜩 기대에 부풀어 있었는데, 다음날 아무래도 안 되겠다는 연락이 왔다. 이유를 물으니 누가 만들려고 하지 않는다나? 종이 값과 재료비를 빼더라도 백여 개면 수고비가 만만치 않을 텐데도 애써 누가 그런 걸 만들려고 하지 않나 보다. 억지로 만들어 달라고 사정할 수도 없는 노릇이고, 대충 아무 용기에나 담으면 되겠지만 나는 그렇게도 하지 못한다.

아무것이나 담는 것이라면 아무 용기나 상관이 없겠지만, 내가 만든 차를 담는 것인데 아무 데나 담을 수는 없는 노릇이다. 그래서 직접 상자를 만들어 보고 있는 것인데, 그게 영 쉽지가 않다. 무엇보다도 시간이 만만치 않게 든다는 점이 가장 큰 문제다. 계절이 계절이니만큼 이 짧은 가을날에는 한시가 아쉬운데 그렇게 여유롭게 시간이 남는 것도 아니고 말이다. 비교적 간단하게 상자를 접을 수 있는 방법이 뭐 없을까? 모양도 예쁘고 크기도 내 마음대로 조절해 가며 접을 수 있는 방법이 있다면 참 좋겠다. 나름대로 한 가지 방법을 개발해 내긴 했는데 상자 하나를 만드는 데 시간이 너무 걸려서 그 많은 상자를 만들어 낼 엄두가 나지 않는다.

가끔 아는 분들께 차를 보내드릴 적마다, 나는 참 많이 미안하다. 차의 재료를 채취하는 그 순간부터 차를 우려 마시는 그 순간까지 모든 과정에 내 손을 직접 거쳐야만 직성이 풀리는 사람인데, 만든 차만 달랑 보내 드린다는 게 사실 마음으로는 정말 많이 죄송스럽다. 작고 허름한 오두막이나마 차 한잔 편안히 마실 수 있는 공간을 탐내는 이유도 알고 보면 그러한 마음 때문일 것이다.

단 한 잔의 차라고 하여도 내 전부를 우려내어 정성껏 내주고 싶은 마음. 세상에서 가장 편안한 마음으로 나를 찾아왔다가, 세상에서 가장 편안한 마음으로 어울려 차 한잔 마시고, 세상에서 가장 편안한 마음으로 머물다 갈 수 있는 공간. 내가 만든 차 속에 깃들어 있는 눈에 보이지 않는 것들까지 무난히 품어 안아 줄 수 있는 그런 상자가 있었으면 좋겠다. 그래서 뚜껑을 열면 철따라 살구꽃이 흩날리고 오디가 익어가며 산국내가 은은하게 피어오르는 그런 상자.

새벽이 깊었는데 마음이 즐거우니 덩달아 몸도 즐거워진다. 봐라. 세상 모든 것들은 서로 보이지 않는 끈으로 깊이 연결되어 있다. 당신이 즐거우니 덩달아 나도 즐겁다.

차 한잔과 더불어 떠나는 여행길

낯선 여행길에서 차는 서로의 마음을 터놓고 대화를 나눌 수 있게 만드는 훌륭한 소재가 된다.

해마다 아이들이 방학하는 겨울이 오면 가족 여행을 떠나는 것이 은연중에 정해진 우리 가족의 규칙이 되었다. 미리 일정을 꼼꼼하게 정리하여 계획적으로 떠나는 것도 좋지만, 시간적인 여유가 있는 여행이라면 구태여 세부적인 것들까지는 챙기지 않은 채 큰 틀만 짜가지고 떠나는 여행도 색다른 즐거움을 준다. 길게는 열흘 정도에서부터 짧게는 하루나 이틀짜리 여행에 이르기까지, 여행을 떠날 때마다 빠뜨리지 않고 챙기는 것 중의 하나가 야생초차다. 특히 날씨가 추운 겨울에 떠나는 여행이라면 뜨거운 물을 담을 수 있는 보온병과 몸을 따뜻하게 데워줄 수 있는 약간의 차는 필수라고 할 수 있겠다.

낯선 곳으로의 여행을 하다 보면 더러는 누군가에게 크고 작은 신세를 질 일들이 생기게 되고, 우연히 좋은 찻집을 만나게 되거나 이런저런 차를 즐겨 드시는 분들을 만나게 되는 경우가 많다. 그럴 때 미리 준비해 간 차는 서로 마음을 터놓고 대화를 나눌 수 있게 만드는 훌륭한 소재가 되곤 한다. 공간이 칸으로 구분되어 있는 작은 상자를 구하여 그동안 만들어 놓은 차를 종류별로 조금씩 담으면 부피도 그리 크지 않아 여행하면서 챙겨 들고 다니는 데도 전혀 어려움이 없다.

이른 봄에서부터 늦은 여름까지가 차를 만들기에 바쁜 계절이라면, 늦은 가을에서부터 겨울까지는 차를 즐기며 마시기에 적당한 계절이다. 물론 가을과 겨울에도 경우에 따라서는 만들어야 하는 차들이 있고 봄과 여름에도 차를 마시는 것은 전혀 이상할 것이 없는 일이지만, 아무래도 가을과 겨울에는 봄, 여름에 비하면 만들 수 있는 차의 종류가 한정될 수밖에 없다. 이런저런 차를 만들기에 바쁘다 보면 마음 놓고 앉아 차 한잔 마시는 시간도 부족할 때가 있는데, 그런 의미에서 늦은 가을에서부터 겨울엔 아무래도 느긋하게 마음을 풀어놓고 차를 즐길 수 있는 시간의 여유가 많다.

그동안 만들어 놓은 차의 상태도 꼼꼼하게 살펴보고, 이웃들에게 나누어 줄 차를 나누어 포장해서 우체국에 가고, 가보고 싶었던 찻집이나 둘러보고 싶었던 장소에 시간을 내어 일부러 찾아가는 일도 그래서 찬바람이 부는 늦가을이나 겨울이 되어야 비로소 가능해진다. 모든 것은 마음 안에 있다고 했다. 자연 속에 묻혀 내가 하나의 자연으로 살아갈 수 있는 현실을 갖춰 놓은 채 유유자적하며 세상을 살아가는 사람이 과연 몇이나 될까. 이미 시기가 지나버려 한동안은 계절의 그 풋풋한 맛을 느끼지는 못할 것이지만 미리 만들어 놓은 차 한잔과 더불어 떠나는 여행길은 그래서 내내 마음 안에서 초록으로 싱싱할 것이다.

먼저 꽃에게 물어라

먼저 꽃에게 물어라. 겸손하지 않으면 배울 수 없다. 좋은 차를 만들 수 있는 가장
중요하고 기본적인 일은 차로 만들어지는 그 식물에 대해 정확히 알고 이해하는
것이다.

차 만드는 일을 한두 번 같이 따라해 본 사람이라면 의외로 차 만드는 일이 어렵지 않음에 놀라게 된다. 정도의 차이는 있겠지만 스스로 만든 차를 자신이 마신다는 생각을 하면 누구나 차 만드는 일에 성의를 다할 수밖에 없는 것이 사람의 마음이다. 시기에 맞춰 적당한 재료를 채취하고 채취한 재료를 깨끗이 다듬어 씻은 후에 찌거나 덖음의 과정을 거쳐 바싹 말리는 일은 사실 조금만 신경을 쓰면 전혀 어려운 일이 아니다.

어깨너머로 배운다는 말이 있다. 무슨 일을 배움에 있어서 정식으로 스승을 찾아 배우는 것이 아니라, 그저 눈짐작으로 대충 흉내만 낼 때 흔히 쓰이는 말이다. 모든 분야의 일이 다 그러한 것은 아니겠지만 무슨 일을 배움에 있어서 사실 정식으로 배우는 것과 어깨너머로 배우는 것의 차이는 종이 한 장의 차이에 지나지 않을 때가 많다. 특별한 차를 제외하고는 야생초차를 만드는 일도 그렇다. 야생초차를 만드는 방법부터가 어떤 일정하게 정해진 틀이 있는 것이 아니고 그 차를 만드는 사람의 개인적인 취향에 따라 조금씩 차이가 있는 경우가 많아서 어찌 보면 같은 이름의 차라고 하여도 모양이나 맛이 다 다를 수밖에 없는 것이 당연할 것이다.

하지만 차를 만들면서 가끔 절실하게 느껴지는 일은, 차를 만듦에 있어서 이 종이 한 장의 차이는 결코 무시할 수 없을 정도로 그 의미가 크다는 것이다. 대부분의 야생초차는 야생 상태에서 자라는 식물의 잎이나 꽃 혹은 뿌리나 열매가 주된 재료가 된다. 어느 것을 막론하고 차의 재료를 채취하는 시기는 사실 그 식물이 가지고 있는 모든 영양분이 한 곳에 가장 집중되어 있는 때인 경우가 많다. 잎

으로 차를 만드는 것들은 잎에 영양분이 가장 많기 때문에 잎을 따서 차를 만드는 것이고, 꽃이나 뿌리, 열매를 채취하여 차를 만드는 경우에도 식물의 종류나 채취 시기에 따라 그곳에 영양분이 집중되어 있기 때문에 하필 그 부분을 골라 채취하여 차를 만드는 것이다.

사람의 시각으로 볼 때 영양분이 집중되어 있다고 표현했지만, 입장을 바꾸어 식물의 처지에서 본다면 가지에 순이 돋거나 꽃이 피는 일, 그리고 열매를 맺는 일 등은 그리 간단한 일이 아니다. 하나의 잎을 돋게 하고 한 송이의 꽃을 피우기 위하여 식물은 제가 가지고 있는 모든 힘을 어쩌면 총동원하고 있을지도 모른다. 그것은 식물에게 있어서 일생일대의 최고의 의미 있는 행사가 될 가능성이 크다.

그것이 무엇이건 상처 입은 재료로 차를 만드는 것은 바람직하지 못하다. 더러 야생초차에 대해 묻는 사람들에게 나는 차의 재료가 되는 것들을 멋대로 훔쳐서는 안 된다는 말을 한다. 자연의 동의를 얻지 않은 채 마구잡이로 훔쳐오듯 훑어오는 재료들로는 결코 좋은 차를 만들 수 없다. 완성된 차를 우려 찻잔에 따라 마시다 보면 더러 그 우려진 찻물에서 살아 있는 자연의 기운을 느끼곤 한다.

좋은 차를 만들 수 있는 가장 중요하고 기본적인 일은 차로 만들어지는 그 식물에 대해 정확히 알고 이해하는 것이다. 어깨너머로 훔쳐서 본 기억만을 가지고 차를 만들지 말라. 가장 중요한 것은 언제나 눈에 보이지 않는 부분에 있는 법이다. 자연에게나 사람에게나 먼저 고개 숙이지 않는 사람이 어떻게 좋은 차를 만들 수 있겠는가. 당당히 드러낼 수 없다면 차라리 가지고 있지 않는 게 낫다. 먼저 꽃에게 물어라. 겸손하지 않으면 배울 수 없다.